An Nefuru Re, meine einstige Tochter ...

Mit der Bitte das hier als Nachlass zu veröffentlichen ...

Dein Ursprung / Ursprung deiner galaktischen Eltern / Deine Inkarnation

1. Ursprung deiner galaktischen Mutter / Namentlich derzeit verkörpert als:
   Christine Inge Barth.

Es gibt hierzu drei Varianten, nämlich die niburianische Version, die ägyptisch überlieferte Version und die griechische Überlieferung. Ich werde alle drei Varianten mit einfließen lassen. Ich beginne mit der ägyptischen Variante ...

Dazu möchte ich dir hier erst einmal zum Verinnerlichen diesen Stammbaum hineinkopieren: Siehe nächste Seite!

Dazu möchte ich folgendes erklären.:

ATUM hier an erster Stelle benannt bezeichnet man (auch ich) auch als *RE / RA / AMUN RE / AMUN RA.* Nicht zu verwechseln mit *Amun,* denn das ist die andere Bezeichnung für *Anu.*

Amun Re, so nenne ich ihn, hatte sich einst geteilt und *SCHU* (Leben) sowie

TEFNUT (Wahrheit) aus sich heraus ins Leben gerufen. *TEFNUT* war ich.
SCHU war somit meine Zwillingsseele.

Die Bezeichnung der *Tefnut*, Göttin der Feuchtigkeit zu sein, ist nicht korrekt. *Tefnut* war vielmehr eine Göttin des Feuers. Das haben heutige Historiker inzwischen korrigiert (Quelle Wikipedia).

Eine offizielle Version der *Tefnut* und des Bruders / Gatten *Schu* findest du auf den Seiten nach dem Stammbaum nach meiner persönlichen Beschreibung der Ereignisse. Ich finde meinen persönlich geschilderten Blickwinkel der Ereignisse viel wichtiger, denn Mythologie bleibt Mythologie, wenn auch der Kern der Sache hier durchaus zutrifft.

Um nicht alles erneut schreiben zu müssen habe ich dir das aus meinen Schriftstücken hier nach der Tabelle hineinkopiert.

Tefnut - Meine persönliche Erinnerung

Inhalt meiner Erinnerung, wie bereits kurz erwähnt, ist, dass ich einst mit *Thot* durch die Wüste marschiert bin. Jetzt gibt es jedoch diesbezüglich verwirrender weise gleich mehrere Begebenheiten dieser Art in meinen Vorleben. Ich stellte fest, dass *Thot* tatsächlich stets an meiner Seite war, und doch so scheint es, ein exzentrisches „Weibsbild" mit List und Tücke zu besänftigen hatte, damit diese ihre Allüren abstellt, um in ihre Bestimmung zu gehen.

Interessant ist für mich persönlich natürlich diesbezüglich meine ureigene Charakteristik, die mich Zeit meines Lebens begleitete und in der ich mich selbst auch heute wiederfinde. Fasst man das zusammen ergibt sich schnell ein Bild: Ich war in der Tat immer ein Rebell.

Meine spezielle Erinnerung die ich mit *Thot* in der Wüste hatte wiesen folgende emotional abgespeicherte „Puzzleteile" auf: Ich war buchstäblich vor Wut schäumend von meinem Elternhaus abgehauen und durch die Wüste gewandert, dies in Begleitung eines Löwen und meinem treuen Gefolge. *Thot* hatte von meinem Vater den Auftrag erhalten mich mit einer geschickten List zurück zu bringen, in der stillen Hoffnung, dass ich nach einiger Zeit mein „Mütchen" gekühlt hätte und meinen Starrsinn ablege und freiwillig nach Hause komme.

Thot hatte es wahrlich schwer, weil er mich zwar aufspürte, aber ich durchaus nicht willig war. Erschwerend kam noch hinzu, dass der Löwe zwar in meinem Beisein zahm war, jedoch nicht anderen gegenüber. Einmal abgesehen davon, war ich selbst wahrlich in meiner Wut ein fauchendes Biest. *Thot* hatte es wirklich nicht leicht aus mir wieder eine folgsame, schnurrende „Katze" zu machen und zog alle Register!

Am Tage auf der Wanderschaft, die rund 120 Tagereisen entfernt von meinem Zuhause war und in Punt (!) war, setzte er die List ein mich mit Scherzen zu erheitern, was ihm hervorragend gelang, denn mein Lachen ließ mich schon wesentlich umgänglicher werden, und des Nachts, wie konnte es anders sein, wühlte man sich durch die Decken und Kissen, was mir zwangsläufig ein wohliges Schnurren entlockte.

Nun fand ich durch „Zufall" einen Artikel bei Wikipedia, wobei ich durch einen ganz anderen Ausgangstext, nämlich „Das Auge des Re", darauf stieß und fand genau diese Begebenheit wieder. Selbstverständlich war das, weil es eine mythologische Überlieferung war, etwas „blumiger" dargestellt, was typisch für ägyptische Mythologie ist, aber der Kern der Geschichte traf absolut zu. Als Antwort von der Geistigen Welt, bevor ich mit F. v. F über meine Vermutungen sprach, bekam ich folgendermaßen:

Ich spazierte mit Una (meiner Hündin) auf einem Rasenstück entlang, führte sozusagen Selbstgespräche und fragte mich:
„Das ist total abgefahren! Das kann es doch nicht sein. Oder etwa doch, weil ich so detaillierte Erinnerungen habe?"
Da lag unmittelbar vor mir eine Schallplatten Hülle aus Papier und das Bild einer „Katzenfrau" aus dem Musical „Cats", dies erweckte meine Aufmerksamkeit, und tatsächlich, auf dem Cover stand:
„Aus Cats – Erinnerung"!
Ich habe die Hülle natürlich entgeistert mitgenommen und wusste, dass wieder einmal die „Geistige Welt" damit mit sofortiger Wirkung meine Frage beantwortet hatte! Erfahrungsgemäß antworten sie immer in dieser Form und ich hatte niemals Grund daran zu zweifeln. Nun kommt die offizielle Variante die man in Wikipedia finden kann:

...Die Papyri berichten über die Trägerin vom Auge des Re, die zudem als gefährliche Göttin tituliert wird. Nach einem Streit mit ihrem Vater Re verließ sie Ägypten und zog bis nach Punt. Mühsame Verhandlungen mit ihr und den übrigen Göttern folgten. Nach der erzielten Übereinkunft trat *die gefährliche Göttin* gerne mit dem Weisheitsgottes Thot den Heimweg an...

...Die Göttin Tefnut hatte ihren Vater Re und das Land Ägypten aufgrund einer nicht klar erklärten Angelegenheit hinsichtlich der Opferriten im Zorn verlassen und weilte im etwa 120 Tagesreisen entfernten Punt. Re beauftragte die Gottheiten Thot und Schu mit der Rückholung sowie Besänftigung der Tefnut. Zu diesem Zweck machte der als Hundsaffe auftretende Thot den lebensnotwendigen Aufenthalt von Tefnut in Ägypten deutlich. Nachdem sich Tefnut zu Gesprächen mit Thot einverstanden erklärte, versinnbildlichte Thot die mythologische Rolle der Tefnut in den eingelagerten Tierfabeln...

...„Sie verwandelte sich in die Gestalt einer wütenden Löwin, die sechs Gottesellen lang war. Sie schlug ihren Schweif nach vorne vor sich. Ihr Unterleib rauchte von Feuer. Ihr Rücken hatte die Farbe von Blut. Ihr Gesicht hatte den Glanz der Sonne. Ihre Augen gluteten von Feuer. Ihre Blicke loderten wie eine Flamme. Sie schlug mit ihrer Pranke, da staubte der Berg. Sie fletschte die Zähne, da loderte Feuer aus dem Berg hervor."

Thot, der Tefnut als zornige Löwin mit Sachmet verglich, entschuldigte sich für seinen Zeitverzögerungsversuch und bat sie, wieder die vorherige Gestalt einer Katze anzunehmen. Nachdem Tefnut die Entschuldigung angenommen hatte und sich wieder als „schnurrende nubische Katze" präsentierte, leitete Thot die zweiteilige Tierfabel ein...

Die Fabel beschäftigt sich mit dem Funktionsprinzip der Vergeltung: *Wer tötet, den tötet man. Wer zu töten befiehlt, dessen Vernichtung befiehlt man. Ein bedeutender Herr beraubt einen Herren oder Großen nicht in seinen Häusern.* Insbesondere wird darauf verwiesen, dass keine Handlung dem Sonnengott Re verborgen bleibt. Tefnut als Sonnenauge müsse sich vor keinem Gott hinsichtlich der vollbrachten Taten rechtfertigen. Ihr wird als „Tochter des Re" deshalb auch keine göttliche Vergeltung für „alle ihre Taten" folgen, wobei sie selbst unter anderem auch die Erscheinungsform der „göttlichen Vergeltung" darstellt...!

...Nach den Berichten von Thot wandelte sich Tefnuts Stimmung von Zorn in Heimweh, worauf sie beschloss den Rückweg anzutreten. Um die Göttin bei Laune zu halten, unterhielt sie der Hundsaffe mit zahlreichen Scherzeinlagen. Die lange Dauer der Rückreise verkürzte Tefnut durch mehrere Verwandlungen, beispielsweise in eine Geierin, um per Flug schneller die

Wegstrecke zurücklegen zu können. Durch diese Maßnahmen gelangte Tefnut nach nur drei Tagen an die Grenzen Ägyptens. Ihre Ankunft löste spürbare Erleichterung im ganzen Land aus, was sich in ausgelassenen Trunkenheits- und Fruchtbarkeitsfesten äußerte...

...Schu und Tefnut bildeten das Paar, das die Götter erzeugt hat: sie gelten als Eltern des Erdgottes Geb und der Himmelsgöttin Nut. Überall, wo Tefnut erwähnt wird, geschieht dies zusammen mit Schu, sie sind die Zwillinge schlechthin. Auch wird Tefnut nicht als Löwin, sondern als nubische Katze beschrieben. Wenn aber Zorn sie packt, verwandelt sie sich immer wieder in eine „wilde Löwin". Tefnut ist die Uräusschlange, die zugleich als Sonnenauge wirkt. Im Mythos Die Heimkehr der Göttin heißt es:

> „Der Festjubel ist mit dir fortgezogen, die Trunkenheit verschwand und wurde nicht gefunden. Schlimmer Streit ist in ganz Ägypten. Der Festsaal des Re ist erstarrt, die Trinkhalle des Atum ist bedrückt. Sie alle sind mit dir fortgezogen und haben sich vor Ägypten verborgen. Man ist in Heiterkeit unter den Nubiern."
> – DIE HEIMKEHR DER GÖTTIN, DEMOTISCHER PAPYRUS

...Die ungebändigte Kampfeslust der Löwin entlädt sich nun in ihrer Macht als Stirnschlange des Re. Der Papyrus Harris sagt: „Wenn Re den Himmel jeden Morgen durchfährt, dann ruht Tefnut auf seinem Haupt und sendet ihren Feuerhauch gegen seine Feinde". Die Doppelseitigkeit ihres Wesens kommt auf einer Inschrift in Philae zum Ausdruck: „Als Sachmet ist sie zornig, als Bastet fröhlich". Beide, Sachmet, die grimmige Löwin, und Bastet, die heitere Katze, sind in Tefnut vereint. Nach der späteren Verschmelzung der Götter Atum und Re zu „Atum-Re" wurden Schu und Tefnut damit auch zu Kindern des Re...

Auf den nächsten Seiten befindet sich Bilder wie T*efnut* dargestellt wurde …

Es stellt sich sicher jetzt die Frage, woher war nun Thot gekommen?

Das lässt sich so erklären: Er war immer schon da gewesen, zumindest aus meiner Erinnerung, denn er war schon immer die rechte Hand meines Vaters Amun Re gewesen. Lediglich sein Ursprung ist bekannt, weil er es mir mitgeteilt hatte und das wiederholt in verschiedenen Epochen / gemeinsamen Reinkarnationen. Er kam, wie mein Vater vom Sternbild Löwe, genau genommen von Regulus. Er war einst ein stolzer Drache gewesen mit einer Ritter Rüstung die ihn unverwundbar machte, aber sein Widersacher *SETH* hatte diese irgendwann zerstört. Verwirrend ist nur folgendes: *THOT* ist = *OSIRIS!* Verwirrend deshalb, weil im Stammbaum ersichtlich *OSIRIS* erst nach mir in Erscheinung tritt. Was aber Richtig ist, denn auch er trat ebenso wie Amun Re *drei – geteilt* in Erscheinung auf. Das heißt, er konnte durchaus zur selben Zeit Thot sein, als auch z:B Osiris, als auch noch eine weitere gleichzeitige Verkörperung haben. Fortsetzung nach den Fotos!

Seschet (*Seschat*)

Bevor ich zu meiner weiteren Verkörperung komme, möchte ich *Tefnut* und *Seschet* anhand meiner numerologischen Berechnungen in einen Zusammenhang bringen. Dazu voran folgendes: Da ich ja nicht nur meine Erinnerungen als Beweis gelten lassen konnte musste ich eine andere beweiskräftigere Methode heranziehen um es zusätzlich abzusichern. Also bat ich die „Geistige Welt" um Mithilfe!

Diese wurde mir tatsächlich gewährt! Vor wenigen Monaten wurde ich nämlich zusammen mit F. v. F (= Thot etc.) von einem Lichtschiff der Sirianer abgeholt und nach Rigel, einem Planeten im Orion verbracht. Dort tagte derzeit der Rat des dort ansässigen Konzils und man erwartete uns bereits. Insbesondere mir gab man ein großes Stück meiner Erinnerung zurück, nämlich den bislang in mir vergessenen Teil, den doch erheblichen Teil, jenen, dass ich in meiner Essenz der *dritte* Teil von *Thot* bin – der feminine Teil *Thot´s*. (Hierzu füge ich gleich noch etwas ein was man uns beiden bereits einige Wochen vorher angedeutet hatte – wir das jedoch noch nicht ganz erfassen konnten). Jedenfalls erinnerte man mich an besagtem Tag daran, dass ich als *Seschet*, zusammen mit *Thot* in Atlantis, diese speziellen numerologischen Berechnungen mit all meinen Regeln und Richtlinien entworfen hatte und ich mich lediglich zurück erinnern musste. Man gab mir bei der Ratsversammlung in Form eines Daten Uploads alle wichtigen Informationen mit auf den Weg und nachdem wir noch im Anschluss auch noch einen Abstecher auf Regulus gemacht hatten (was F. v. F´s spontane Idee war) und dort ebenfalls die Bestätigung erhielten, dass wir sozusagen beide *Thot* waren, konnte ich wieder zu Hause angekommen bereits am nächsten Tag an die Berechnungen gehen. Das war mit einem Auftrag verbunden, denn ich sollte dies nicht nur aus Spaß an der Freude umsetzen, sondern sollte damit meine vollständige Identität / Seelenessenz und damit meine Inkarnationen berechnen und beweiskräftig darstellen können! Das alles um es dann zum Vatikan zu schicken, damit ich belegen konnte anhand des Seelencodes warum ich berechtigt war eine Botschaft vom Galaktischen Konzil an die höchste Instanz, dem Vatikan, zu schicken.

Ich füge jetzt erst einmal ein welche telepathische Botschaft mich Wochen vor dem Besuch auf Rigel erreichte:

Brief an dich die „DREI" (F. v.F) – 9.August 2013

Auszug: … Geistige Welt: „Denn, und das ist das Entscheidende, es bereits vor langer Zeit euer Vertrag im Miteinander gewesen ist – vorausschauend bis zur heutigen Zeit, der Zeit der Neuen Ordnung – des Umkehrens – Umstülpens, in das Hineingleiten der Zeitlosigkeit, dort wo sich nun alle Zeitlinien treffen und eine Einheit bilden. Das besagte Bild zeigt dies auf und gibt die mögliche Zukunft an, so wie ihr einst beschlossen und geplant dies habt. Eure Seelenpläne als übergeordnete Seelenpläne zu betrachten sind – allumfassend, nicht beschränkt auf das Diesseits, vielmehr der Ursprung das Jenseits bis hin über Millionen Jahre – dies stets vereint in DREI – III - und doch getrennt ... Einheit, nur unter Auflösung des alten Vertrages... Einheit durch Liebe... Liebe durch das Erinnern – das Erkennen eurer Seelen – das Erkennen ist die Lösung für die Zukunft, derer ihr ein wichtiger Teil dessen seid – wisset, wir warten..."

Nun, kommen wir vorerst zu meinen Seelencode – ausgehend von meinen in der Geburtsurkunde eingetragenen Namen:

Christine Inge Barth   9   7   2   9
= 9

Man hatte mir auf Rigel mitgeteilt, dass ich nicht nur meinen Namen heranziehen kann, da ich ein Walk- In bin, und somit zusätzlich noch meine Geburtsdaten hinzuziehen müsste, welche zusätzliche Koordinaten wären. Auch sollte ich meine einst aufgestellte Regel der „Umkehrzahlen" beachten. Ich grübelte einige Zeit und brütete über den bereits errechneten Seelencodes bis ich dann eine Erleuchtung hatte! Hier jetzt die Berechnungsgrundlage in meinem besonderen Fall:

Eine Auffälligkeit ergibt sich anhand eines Beispiels, hier Christine Barth, geboren am 7.6.1965 (vorhandene Zahlen: 7 – 6 – 1 – 9 - 5) durch Vergleiche mit:

**Seschet (Seschat) ^   7   1   6/9   7
= 5**

**Tefnut ^   7   1   6/9   7
= 5**

Hier ist ersichtlich, dass ich nur zu einem Ergebnis kommen konnte, sollte ich meine gute alte Regel der Umkehrzahlen mit einbeziehen. Also: die 6 musste mit der 9 ergänzt werden, bzw. durfte sogar auch getauscht werden. Der Grund war folgender: Die 6 ist = Liebe und die 9 ist = Weisheit. Liebe und Weisheit sind beide untrennbar, dass heißt, Liebe ist ohne Weisheit nicht von Bestand und Weisheit ist ohne Liebe nicht von Bestand. Im Tarot symbolisiert die 6 der großen Arkana „Die Liebe", die 9 ist „Der Eremit" oder der „Der Weise / Erleuchtete" - somit ergibt sich dann diese Regel. Dies durfte jedoch nur bei der 2. und 3. Zahl (Äußerer Wert und Innerer Wert) angewendet werden - die Namenszahl (1. Zahl) musste unberührt bleiben. (Interessant ist auch, dass der Ursprung / Herkunft sich dort auch eindeutig widerspiegelt: 5 = Sternbild Löwe (Regulus) des Vaters Amun Re und 7 = Plejaden der Mutter). Der Ursprung / Herkunft als Anunnaki (s.o) ist somit ebenfalls korrekt, denn ich war ja Anunnaki, jedoch den Plejadiern zugehörig seit der lemurischen Zeit. Das selbe galt hier für meine Eltern. Somit waren alle Zahlen aus meinen Geburtsdaten vorhanden und spiegelten sich exakt in

den Seelencodes von Tefnut und Seschet.

Auf der nächsten Seite möchte ich etwas aus den offiziellen Quellen von *Seschet (Seschat)* einfügen, da ich selbst nur weiß, dass ich zusammen mit *Thot* in Atlantis ein Paar waren, ich Priesterin im Tempel und er mein „Meister". Nach dem Untergang von Atlantis sind *Thot* und ich zusammen mit anderen Eingeweihten nach Ägypten gewandert und haben dort mit Hilfe des *Amun Re* und der Sirianer erst die Sphinx in Gizeh (das Abbild ist *Amun Re* und nicht wie irrtümlich angenommen *Thot*) erbaut, die zahlreichen Gänge und Geheimkammern – die „Hallen von Amenti" (dort hat *Thot* die Smaragdtafeln dponiert), sondern auch die Pyramiden – dies jedoch viel später. Man lebte damals rund 900 Jahre und konnte sein Leben in den „Hallen von Amenti" um ein vielfaches verlängern. Ich selbst hatte dort aber nicht körperlich Zutritt, nur Astral, auch in diesem Dasein war ich bereits in astraler Form (Ätherkörper) dort. *Thot* hatte als einziger die Möglichkeit dort körperlich zu sein. Warum habe ich vergessen. Aber einen wichtigen Grund wird es gegeben haben. Eine weitere sehr traumatische Erinnerung betrifft die Trennung von mir und *Thot*: Wir hatten ein gemeinsames etwa dreijähriges Kind und waren sehr glücklich miteinander, jedoch erschien eines Tages ein Lichtschiff der Plejadier und wollte mich wieder mitnehmen. (Das war damals in Lemuria auch schon so gewesen und ich musste meine etwa vierjährige Cousine zurücklassen). Ich wollte nicht mit, aber man sagte mir ich muss! Ich dachte ich könnte wenigstens mein Kind mitnehmen, aber ein Energiefeld ließ nur mich passieren, aber nicht mein Kind. *Thot* stand dem fassungslos gegenüber und konnte nichts tun, denn das war eine höhere Instanz der er nichts entgegen zu setzen hatte. So übergab ich ihm mit einem guten Gefühl unser Kind und musste mich tränenreich verabschieden. Wir wissen bis heute nicht wer wohl dieses Kind ist. Ist es auch heute unter uns? Könntest du das gewesen sein? Denn eines ist immer auffällig, nämlich, dass wir sehr oft in dieser Kombination miteinander reinkarniert waren und obendrein passt der Seelencode auch. Von *Thot*:

Thot ^ *   9   3   6
9   = 9

Bitte Tabelle am Ende beachten:

Ningishzidda ^ *
(Hermes / Thot / Theuti)   7   6/9   1
7   = 5

Es muss ja nicht derselbe wie dein Seelencode sein. Wichtig sind immer die erste und letzte Zahl, diese sollte bei einem Elternteil identisch sein.
Übrigens noch etwas zu *Seschet* (*Seschat*): Ich selbst hatte mir von Beginn an immer eine „Hilfsleine" als Zahl gelegt, sodass ich selbst wieder durch die Zahl in Erinnerung komme – das war bei mir die 7! Abgeleitet vom SIEBENgestirn / Plejaden und anderen Begebenheiten in meiner Vorleben – du wirst jedenfalls immer mich verkörpert vorfinden, wo die 7 als wichtiges Ereignis in der Mythologie verankert ist!. Bei *Thot* war die „Hilfsleine" immer die 3! So haben wir uns später auch immer wiedererkannt! Unsere Liebe

währte deshalb bis heute ewiglich!
Auf dem Bild von *Seschet* (*Seschat*) – beachte einmal das was sie auf dem Kopf trägt! Zähle einmal... ;-)

Nun zu den offiziellen Überlieferung der Seschet (Seschat) und Thot:

Seschat (auch Seschet; ägypt. *die Schreiberin*) war eine **altägyptische** Gottheit, die in den Bereichen des Schreibens, der **Buchhaltung** und des **Ahnenkultes** tätig war. In dieser Funktion war sie zugleich die Schutzherrin des Königs (Pharao), der Tempelbibliotheken und der Baumeister.

Der Kult der Seschat ist seit der **2. Dynastie** belegt. Die Göttin legte bei der Errichtung heiliger Bauwerke den Grundriss fest und überwachte die Zeremonie des Schnurspannens.

Ab dem Alten Reich **übernahm Seschat in der** ägyptischen Mythologie **zusätzlich buchhalterische Aufgaben**, zum Beispiel die Registrierung von Kriegsbeute.

Im Neuen Reich wurde sie in verschiedenen Tempelszenen dargestellt, wie sie mit Hilfe von Einkerbungen in Stäben oder Rispen die Herrschaftsjahre und Jubiläen eines Königs verzeichnete. Im Neuen Reich wird auch die Göttin Sefchet-Abwi belegt, die Seschat in Bedeutung und Darstellung gleicht.

Ägyptologen halten sie daher für eine bloße Variante der Seschat. Seschat kam auch eine Rolle im Totenkult zu. Zusammen mit der Göttin Nephthys sollte sie die Gliedmaßen der Verstorbenen rituell reinigen, um die Verstorbenen für das spätere Weiterleben in der Duat vorzubereiten. Sie sollte auch in Beziehung zu dem Gott Thot stehen. Allerdings wechselte der Charakter dieser Verwandtschaft, so dass sie sowohl als seine Schwester, seine Tochter, als auch als seine Gattin dargestellt wurde.

Seschat wurde als Frau dargestellt. Häufig trug sie wie die **Sem-Priesterschaft** ein **Pantherfell** und ein Stirnband, an dessen Verlängerung eine siebenblättrige Blüte oder siebenstrahliger Stern prangt.

Dieses Symbol wird von einem Bogen überspannt und war zugleich Bestandteil der Hieroglyphenschreibung des Namens der Seschat. Meist hält sie einen eingekerbten Palmstab in der Hand. Sofern sie als Schutzherrin über ein Bauvorhaben wachte, konnte sie auch Hammer und Pflock für die Schnurspannzeremonie in Händen halten.

Fazit: *TEFNUT und SESCHET* waren ein und dieselbe Seele und das war ich.
THOT war sowohl *Tefnut's* Geliebter, als auch *Seschets* Geliebter, bei letzterem sogar ihr Gatte und Vater eines gemeinsamen Kindes.

Im weiteren Verlauf, indem für dich spannendste Teil, nämlich in der gemeinsamen Verkörperung als (ich) Hatschepsut und (F. v. F) Thutmosis II., sowie die Verkörperung des *GEB / SEB* (*ANU*) in

SENENMUT ;-)

Bevor ich mit HATSCHEPSUT beginne möchte ich noch eine für dich hilfreiche Liste der GÖTTERNAMEN einfügen. In dieser Liste findest du jeweils die Entsprechung des Namens in Niburianisch – Ägyptisch und Griechisch. Dann ist das Ganze nicht ganz so verwirrend und du kannst jederzeit hineinsehen.
Was mich selbst betrifft bin ich: *MAAT) - ENNIAS CU– GAIA.*
(Hierzu füge ich später noch eine Zusammenfassung ein).

Griechisch = Nibiruanischer
KRONOS = MARDUCK
GAIA = ENNIAS CU (Mutter v. Ninhursag)
ARES = ISHKUR
ZEUS = ANU
POSEIDON = ENKI
HERMES = NANNAR*
APOLLO = UTU
APHRODITE = INANNA
HERMES = NINGISHZIDDA* (Weiblicher Teil / Seschet?)

gyptisch = Nibiruanischer
GEB/SEB = ANU
ISIS = INANNA
HORUS = ISHKUR
OSIRIS = ENLIL
PTAH / SETH = ENKI
HARPOCRATES = UTU
HATHOR = NINHURSAG (?)
RA (AMON-RA) = MARDUK

TOTH/TEHUTI = NINGISHZIDDA (Weiblicher Teil / Seschet?)

SUMERISCH = Nibiruanischer
ANSHAR = ANU
NINMAH = NINHURSAG
ADAD = ISHKUR
ASSHUR = ENLIL
EA/URKI = ENKI
SIN = NANNAR
SHAMASH = UTU
ISHTAR = INANNA
BEL = MARDUK
NINGIRSU/NIMROD = NINURTA
ERRA = NERGAL

Maat = * Tefnut * als * Auge des Re *

Maat = *Tefnut – Wahrheit *

Maat = Seschet (Seschat) * Weisheit – Ausgleich - Gerechtigkeit *

Maat = * Trägerin vom Auge des Re *

Maat = * Sonnenauge *

Maat = **das** * Horus-Auge *

Maat = * **Ka** * des Re

Maat = * Tochter des Re *

Maat = * *Mutter des Re* *

Maat = * Uräus und Sonnenauge *

Maat = * *Dein rechtes Auge ist Maat, dein linkes Auge ist Maat.* *

Maat = * als Begleiterin des Re *

Maat = als * Gemahlin des Thot *

Maat = als * Nachfolgerin des Thot *

Maat = * Löwe * - * Nubische Katze *

Maat = * „Herrin der Schlange" * - „Stirnschlange am * Haupte aller Götter" *.

Maat = als * *gefährlichen Göttin* *

Maat = * Maat *-ka-Re * Hatschepsut - *Gerechtigkeit und Lebenskraft des Re*

MAAT ist nicht mein Name...

Maat ist ein Zustand...
Maat ist eine Energie...
Maat ist meine Essenz...

Maat verkörperte sich jedoch in Tefnut, Seschet und Hatschepsut...
Erstere entstammte aus der Urquelle allen Seins mit dem Bruder SCHU... * Wahrheit * (Tefnut) schlief mit

* Leben * (Schu) …

* Wahrheit * (Tefnut / Seschet) schlief mit * Weisheit * (Thot) …

Zweitgenannte... * Ausgleich – Gerechtigkeit * (Maat – ka – Re)
schlief mit dem Vater und Gemahl * dem Sonnengott * (Amun Re) …

* Ausgleich – Gerechtigkeit * (Maat – ka Re) schlief mit * Horus * -
dem * Himmelsgott * - dem Falken im Nest...

Unerheblich in welcher Epoche auch immer...
MAAT schlief verkörpert immer mit ein und denselben verkörperten Seelen ....
unerheblich wie sich diese Seele namentlich verkörpert nannte...
MAAT schläft auch hier und heute mit ihrem zweiten – untrennbaren
* Horus – Auge * -
weil das rechte Auge das Sonnenauge und das linke das Mondauge ist.

* Sonne* und * Mond * sind unzertrennbar!

Quellennachweise:

http://de.wikipedia.org/wiki/Maat_(%C3%84gyptische_Mythologie)

http://de.wikipedia.org/wiki/Tefnut

http://de.wikipedia.org/wiki/Auge_des_Re

http://wh40k.lexicanum.com/wiki/Hathor_Maat#.UqNSTtLuJIc

http://de.wikipedia.org/wiki/Re_(%C3%84gyptische_Mythologie)

http://de.wikipedia.org/wiki/Amun

http://de.wikipedia.org/wiki/Hatschepsut

BILD DER MAAT / Hathor

GAIA

Ninhursag

HATSCHEPSUT (MAAT – KA RE)

Anmerkung: **NOFURE** = *RICHTIG* = *NEFURU RE*.
MERITRE **Hatschepsut**
= *Tochter von Senenmut und Hui der Priesterin (Nachweis Wikipedia)*
HATSCHEPSUT

Bevor ich mich in meine Erinnerungen vertiefe möchte ich erst einmal schildern wie ich zu der Erkenntnis kam *Hatschepsut* verkörpert zu haben. Natürlich gab es „Vorboten" wie etwa das gut gefüllte Bücherregal meiner Mutter, wo auffällig war, dass sie jedes beliebige Buch über Ägypten, insbesondere in Romanform hatte. So war alles vertreten, von Nofretete, zu Ramses bis hin zu *Hatschepsut*, um nur einige wenige zu nennen. Ich jedoch, und das bereits mit 11 Jahren, wo andere Mädchen „Hanni und Nanni" lasen, entschied mich sofort spontan das Buch von Pauline Geddes „Hatschepsut" zu lesen und tat dies andächtig an einem einzigen Tag.

Aber der eigentliche Ausschlag war der Tag einer vollständigen „Öffnung", der sofortigen Aktivierung meiner gesamten Erinnerungen an das Leben als Hatschepsut, als etwa nach zwei Monaten nach der Tötung meines Sohnes Florian sich etwas in Tibet / Nepal ereignete, was mich fortan nachhaltig prägte. Das Erlebnis muss einfach vollständig erwähnt werden, nicht zuletzt deshalb, weil auch du bestimmt Parallelen zu deinen Erfahrungen entdecken wirst und das eben ist mir wichtig! Deshalb werde ich den Reisebericht TIBET hier vollständig hineinkopieren, damit du den Zusammenhang der Ereignisse besser nachvollziehen kannst.

Auszug aus Walk- In / Göttliches Puzzlespiel – 1990 Tibet

Verwandtschaftliche Beziehung zu den Plejaden / Atlas

Beinahe jeder mag nachvollziehen können, dass in solch einer Lebenssituation automatisch die große Sinnfrage auftaucht: mochte ich denn noch leben? Was möchte mir das Schicksal mitteilen? Sollte ich aufgeben oder besser laut ausrufen: „Jetzt erst Recht! Es mag einen triftigen Grund geben für dieses Ereignis, also mache ich mich auf den Weg der Suche und finde!" Ich entschied mich für letztere Variante mit einer Entschlossenheit einer Löwin!

Eine der glücklichen Fügungen waren die Aspekte, dass mein Lebensgefährte selbstständig tätig war und ohnehin unser befristeter Mietvertrag auslief, und der andere glückliche Umstand war, dass wir beide unsere Bausparverträge auflösen konnten und somit eine Summe Geld zur Verfügung hatten, die uns die Tickets nach Kathmandu finanzierten.
Warum ausgerechnet nach Tibet, oder besser gesagt nach Nepal? Ich hatte nur eine Nacht vor meiner endgültigen Entscheidung einen Traum, dieser war schon beinahe kurios, weil ein weißes Kaninchen über den „Dächern der Welt" hüpfte und mir pausenlos zurief: „Komm doch ins Königreich Shambhala du Löwin!" Was es mit der Begrifflichkeit der Bezeichnung „Löwin" auf sich haben sollte, dass jedoch, fand ich allerdings erst viel später heraus, aber der Zuruf des Kaninchens veranlasste mich zu forschen was es mit dem sagenumwobenen „Shambhala" auf sich haben könnte und ich fand hier die Information in einer Bibliothek.
So machten wir uns schon wenige Wochen später auf den Weg zum Flughafen und hatten außer unseren Rucksäcken allenfalls noch viel Hoffnung mit im Gepäck. Gelinde gesagt, wir hatten keinen blassen Schimmer was uns erwartete. Und das war, unter uns gesagt, auch sehr gut so! Dort angekommen mieteten wir uns eine wenig Vertrauens einflößende alte Karre

und stellten schon nach wenigen Kilometern bereits fest, dass das keine wirklich gute Idee von uns gewesen war, schließlich wussten wir eines mit Gewissheit, dass nämlich unser Ziel die Berge waren und dies führte durch unwegsames Gelände. Zwangsläufig gaben wir dann nach einigen Kilometern auf und wanderten zu Fuß weiter. Mein Fokus war hartnäckig auf ein Ziel ausgerichtet, nämlich irgendwo zumindest ein tibetisches Kloster zu finden, wo wir hoffentlich Kost und Logis erhalten konnten. Mochte uns auch das sagenumwobene Shambhala verborgen bleiben, während wir vor Kälte bibbernd in einem kleinen Zelt nächtigten, so müsste irgendwo in dieser schönen, aber unwirtlichen Welt die Antwort zu finden sein!

Und wir Fanden! Nach einigen Tagen Wanderschaft standen wir ungewaschen und zerlumpt vor der Pforte eines typischen Klosters, welches harmonisch in die Umgebung eingebettet war und auf dem Platz vor dem Kloster offenbarte sich ein atemberaubend schöner Anblick auf das „Dach der Welt". Vergessen waren der nagende Hunger, der Durst, die staubigen Klamotten, die Blasen an den Füßen und der Muskelkater vom Klettern. Als hätte sich Besuch bereits durch Brieftauben angekündigt, wurde die Pforte geöffnet und vor uns stand ein kleiner, zahnloser Mönch der uns lächelnd hinein winkte. Falls man je aus soziologischer Sicht die Begrifflichkeit der „Gastfreundschaft" studieren wollte, so kann ich ihn guten Gewissens dorthin empfehlen! Kaum in dem dahinterliegenden Häusertrakt angekommen, untermalt mit dem unverständlichen melodischen Gesang des Mönchs, hatten wohl zuvor schon eifrige

„Brüder" Wasser in die Becken eingelassen und wir wurden ausgezogen, kaum das wir das erfassen konnten, geschweige denn uns dagegen verwehren konnten. Die Kommunikation fand ausnahmslos über Telepathie statt oder über Handzeichen, auf die eher mein Lebensgefährte zurückgriff, da er im Gegensatz zu mir der Telepathie nicht mächtig war. Anschließend wurden wir in einen weiteren Nebentrakt geführt und verwies lächelnd auf zwei Bettstätten auf denen bereits wie durch Zauberhand zwei Kaftane adrett zusammengefaltet lagen und nur darauf warteten, dass sie zur Verwendung kamen. Etwas verwundert sanken wir erschöpft nieder und kaum dass unser Körper die Matratze spürte, huschte auch schon ein emsiger Mönch herbei der ein Tablett mit dampfenden Würztee und eine kleine Mahlzeit offerierte. Wie wir feststellten existierte hier an diesem Ort die Zeit keineswegs so wie wir es in unserem linearen Vorstellungsmustern definierten, denn man ließ uns bis zum nächsten Morgen in Frieden ruhen.

In dieser Nacht geschah schon das erste Absonderliche, denn ich erwachte und setzte mich spontan hin und begann zu meditieren. Ich atmete langsam ein und aus, versank in nur wenigen Minuten in eine völlig unerwartete tiefe Trance. Nie zuvor hatte ich Derartiges erlebt, aber ich ergab mich gerne diesem eindringlichen Gefühl. Ich sauste in Lichtgeschwindigkeit einen scheinbar endlosen gleißend hellen Tunnel entlang, was mir vorerst Angst bereitete, aber bevor sich diese hemmende Gefühl manifestieren konnte schien es mir als würde ich plötzlich inmitten des Universums landen, inmitten der

Schwärze umgeben von vereinzelten Sternen. Dort angekommen hatte ich das Gefühl der Schwerelosigkeit, ein ausgesprochen himmlisches Gefühl nach der rasanten Fahrt und ich genoss diesen Zustand ohne ein Zeitempfinden. Ich war im Nichts - im Alles was ist!

In der Ferne erblickte ich eine schemenhafte grünlich-weiße Lichtgestalt und ich hatte nur einen seligen Wunsch in mir, diesem Lichtwesen möglichst nahe zu sein. Da ich nicht wusste wie ich dies in diesem luftleeren Raum bewerkstelligen sollte sandte ich mit meiner mentalen Gedankenkraft eben diesen Wunsch aus, und tatsächlich, dass Lichtwesen schwebte auf mich zu. Mit jedem Meter zu mir hin erreichte mich ein Schwall Liebe, eine solche Liebe, wie sie nicht in irdische Worte zu beschreiben ist. Erstaunlicherweise war mir dieses Gefühl in den Tiefen meines Innersten dennoch bekannt, so als hätte ich dies vor Äonen von Jahren schon häufig erlebt. Indessen hatte das Lichtwesen seine Arme ausgestreckt und umschloss mich sanft. Ich vernahm auf telepathische Weise seine Worte die hier an diesem Ort widerhallten:

„Du bist sehr krank! Du musst in Heilung gehen geliebtes Kind!" In diesem Moment durchfloss mich ein Energiefluss ohne Gleichen, ich war sicher noch niemals solch eine Energie in mir gespürt zu haben und ich wollte um nichts in der Welt aus dieser Umarmung mehr weg. Kaum hatte ich diesen innigen Wunsch in mir formuliert bemerkte ich, dass die Umarmung nachließ und das Lichtwesen mich sanft aber bestimmt von sich weg schob.

Es sprach: „Du musst jetzt zurück gehen mein Kind! Du darfst dich hier nicht zu lange aufhalten. Du bist geheilt geliebtes Kind." Mein Innerstes weigerte sich jedoch, denn ich wollte nicht weg aus dieser Quelle der Liebe! Es nutzte nichts. Ich sauste mit derselben Geschwindigkeit wie zuvor diesen hellen Tunnel zurück und von weitem konnte ich in dieses wunderschöne Antlitz des Lichtwesens schauen was mich offensichtlich ein Stück begleitete.

Ich erlebte denselben „Rumms", als ich mir wieder meiner irdischen Umgebung gewahr wurde, wie ich ihn in der Kindheit erlebt hatte. Es fühlt sich so an, als würde man aus großer Höhe fallen. Das erstaunliche war, dass ich mit dem Kopf auf der Matratze stand, also buchstäblich im Kopfstand und noch dazu in sitzender Haltung. Es schien mir wie Minuten bis ich mir dessen vollständig bewusst war und mein rationales Denken einsetzte. Denn ich folgerte, dass das, was hier vonstatten ging unmöglich sein konnte. Mit einmal kippte ich um und fiel in ein weiches Kissen. Ich musste lachen, denn das war hier einfach unglaublich!

Ich mühte mich ab um wieder in diese Position zu kommen, aber das Vorhaben scheiterte wiederholt. Warum war es aber vorhin gelungen? Ich kam schnell zu dem Entschluss, dass es wieder gelingen würde, wenn ich meine hemmenden rationalen Gedankengänge kontrollieren könnte. Zuvor war ich ja schließlich in diesem Zustand gewesen und hatte mentale Kräfte wie ein Yogi entwickelt gehabt. Ich wusste nun durch diese Botschaft was ich hier an diesem Ort überhaupt wollte! Auch wenn ich eigentlich nur hundert Fragen beantwortet haben wollte, ursprünglich zumindest, so war mir jetzt klar, ich wollte mein vorhandenes Potential zur Gänze entfalten.

Göttliches Puzzlespiel Teil 7

Verwandtschaftliche Beziehung zu den Plejaden / Atlas

Am nächsten Morgen wurden wir zu einem der tibetischen Mönche geführt, der uns freundlich, aber wortlos mit einem Lächeln begrüßte. Er wies mit der Hand auf einer der bunten Sitzkissen und wir folgten der Einladung. Es mag nach einem Klischee klingen, aber in etwa so hatte ich mir das Oberhaupt vorgestellt. Er dürfte ungefähr etwa 70 Jahre alt sein, wies hingegen keinerlei Faltenbildung auf, die in unseren Kulturen üblich war und wirkte insgesamt ausgesprochen vital und geschmeidig, denn schließlich thronte er im Lotossitz auf mehreren Lagen dieser farbenprächtigen Kissen. Er schwieg. Wir, die wir höflich sein wollten, und ihm Respekt erweisen wollten schwiegen ebenfalls. Er beobachtete uns ausgiebig, so als bestünde kein Zweifel daran, dass er unser Energiefeld begutachtete. Der Raum war geschwängert von Weihrauch und anderen aromatischen Aromen, was mir ein Kitzeln in der Nase bescherte und schon geschah das unvermeidliche, ich musste niesen! Gottlob, kann man durchaus sagen, denn inzwischen saßen wir uns gut und gerne eine Viertelstunde schweigend gegenüber und um ehrlich sein wurde hier meine Geduld auf eine Harte Probe gestellt. Jetzt aber lachte der Mönch fröhlich und richtete das Wort an mich und zu meiner Überraschung in einem fast flüssigen Deutsch: „Ich heiße euch willkommen! Möge unsere Gastfreundschaft lange und glücklich wären. Wie darf ich euch ansprechen?"

„Wir danken euch für die freundliche Aufnahme. Ich bin Christine und das ist mein Lebensgefährte Uwe. Wir sind auf der Durchreise und kommen von Berlin…"

„Berlin in Deutschland?! Dort kennt ihr meinen Bruder im buddhistischen Kloster in Frohnau?!"

„Nein tut mir Leid…ich kenne keinen der Mönche persönlich. Aber ich war einmal dort, ja ich kann mich erinnern!" Antwortete ich.

„Ja, ja… Antworten suchen alle die hier her gelangen…hast du gut geschlafen Christine?"

Hier fühlte ich mich irgendwie ertappt und dachte wieder voller Ehrfurcht an mein nächtliches Erlebnis. Ich entschied mich aber es ihm zu erzählen, denn ich hatte das dumpfe Gefühl, dass er es bereits wusste. Augenscheinlich hatte ich Recht, denn seine Augen schauten listig, aber liebevoll verschmitzt. Nachdem ich meinen erfreulichen Kurzbericht bezüglich der Engel-Vision berichtet hatte lächelte er wohlwollend und bot uns einen heißen Würztee an.

Er widmete seine Aufmerksamkeit Uwe zu und sagte: „Uwe der Schamane…lasse dir gesagt sein, dass du zukünftig wohl vorerst dein bester Klient sein wirst und in einige noch anstehende Abgründe abtauchen wirst. Der Gebrauch der Heilkräuter Gaias mag wohl durchdacht sein." Zu mir gewandt sagte er: „Worauf wartest du noch? Auf Antworten? Sie sind in dir! Mache eine Reise in dein Innerstes und schreibe das Buch deines Lebens!"

„Oh! Ein wenig habe ich schon begonnen…ich weiß nur noch nicht ob ich schon genug Lebenserfahrung habe um über mein kurzes Leben zu schreiben."

Der Mönch schüttelte lachend den Kopf und erwiderte: „Ich möchte keineswegs respektlos erscheinen und deine christliche Religion beleidigen Christine, aber eines möchte ich dir zu bedenken geben, du bist schon mehr als Millionen Jahre existent! Meinst du nicht, dass es da genug Leben gäbe um darüber zu berichten?"
Ich musste nun lachen, denn ich war zum einen etwas überrascht darüber, dass er überzeugt war, ich sei mehr als eine Millionen Jahre existent, und zum anderen war sein Lachen einfach befreiend. Ich antwortete sogleich: „Ich bin zwar als Katholikin erzogen worden, denn man ließ mir schließlich keine freie Wahl, aber grundsätzlich schließe ich mich eurer buddhistischen Weisheit an, dass die Seele mehrfach reinkarniert. Aber ich kann mir nicht vorstellen eine so alte Seele zu sein."
„Wir werden das Morgen weiter vertiefen. Vorerst würde ich euch bitten mir eure Geburtsdaten und den Geburtsort sowie euren vollständigen Namen hier zu notieren. Da ihr nach Antworten sucht, kann ich euch eine kleine Hilfestellung geben indem ich für euch ausrechnen lasse wo eure Ursprünge sind. Von da aus lässt es sich viel leichter laufen. Aber, und das gebe ich euch beiden mit: Antworten um euer Sein und über eure Lebensaufträge werden ihr hier nicht erhalten, denn dies muss jeder Mensch für sich ergründen. Denn das ist ja euer Lebensauftrag!"
Wir bedankten uns freundlich und kamen seiner Bitte gerne nach und schrieben alles in eine vorbereitete Kladde. Im Anschluss kamen weitere Brüder und setzten sich wie Selbstverständlich dazu und wir wurden eingeladen erhaben zu schweigen und der

Meditation beizuwohnen.

Göttliches Puzzlespiel Teil 8

Verwandtschaftliche Beziehung zu den Plejaden / Atlas

Ob es an der reinen Luft oder der Höhe lag ich schlief die folgende Nacht wunderbar und traumlos. Am nächsten Morgen nachdem wir ein reichhaltiges Frühstück eingenommen hatten wurden wir von einen der jüngeren Klosterbrüder erneut dem erhabenen Mönch vorgeführt.
Ohne Umschweife sprach er: „Nenne mir ohne Umschweife dein Lieblingstier!"
Obgleich er mich bat dies ohne Umschweife zu tun, so geriet ich doch ins Stocken, denn ich fragte mich insgeheim was er mit dieser Frage bezweckte.
Ich räusperte mich und antworte ohne Umschweife: „Der Falke… er ist Majestätisch und ist Frei!"
Ohne eine Miene zu verziehen fragte er erneut: „Welche Botschaft hattest du erhalten bevor du dich hier auf den Weg gemacht hast?"
Ich überlegte einen kurzen Moment und antwortete: „Ein weißes Kaninchen hüpfte auf den „Dächern der Welt" herum und rief mir zu: „Komm doch ins Königreich Shambhala du Löwin!"
„Das ist in der Tat erstaunlich…dies wirst du im Anschluss erkennen! Vorerst aber ein Zahlenspiel. Errechnet aus deinem vollständigen Namen ergab sich folgende Ziffer: 9. Jede Zahl hat eine Energie. Die 9 steht für den Eremiten. Ich bitte dich mit dem Tarot und dessen Bedeutung auseinanderzusetzen. Die 9 ist auch die höchste spirituelle Zahl, was bedeutet, dass du

bereits ein erprobter Lichtkrieger bist, was sich auf deine ureigene Seelenessenz bezieht. Darüber hinaus bedeutet es: ... zerstört bisherige Werte unter Informationsgewinn; Auswertung; hat verstanden, wissenschaftliches Denken, der gebildete Intellekt, wirkt innovativ, erneuernd, neutralisierend. Löst und befreit vom alten Zustand. Nun zu deinem errechneten Geburtstags- Monat und Jahr. Hier ist es die 7. Dieses ist dein derzeitiges Ziel: ... Höhepunkt der Verwirklichung; Erfolg; Gewinn; Ernte. Außerhalb der Welt (7. Schöpfungstag Genesis 2. gehört Gott, Tag des Herrn). Der führende, lenkende, leitende, souveräne Weltengeist. Unabhängig von aller Welt, gibt dieser den Plan (2+5). Königswürde, Herrscherkraft im eigenen Reich. Die kreative Komplexität."

„Oh! Vielen Dank, aber darf ich dies in schriftlicher Form bekommen, denn ich fürchte ich werde mir das kaum merken können?!" In Wahrheit dachte ich: ich verstehe nur Bahnhof! Und gleichzeitig hoffte ich, dass er meine Gedankengänge geflissentlich überhört hatte. „Ja selbstverständlich. Es ist bereits vorbereitet worden. Darüber hinaus gebe ich dir noch ein weiteres Schriftstück zum studieren mit. Lese und Prüfe es mit dem Herzen. Erfasse es mit deiner dir innewohnenden Intuition. Versuche dich zu erinnern und im Anschluss unterhalten wir uns darüber erneut."

Göttliches Puzzlespiel Teil 9

Verwandtschaftliche Beziehung zu den Plejaden / Atlas

Er reichte mir die Schriftstücke mit einem freundlichen Lächeln und ich war sehr neugierig welches Geheimnis sich darin noch verbergen würde. Sehr gerne hätte ich Näheres gefragt, jedoch entschied ich mich Geduld aufzubringen um damit meine Dankbarkeit zum Ausdruck zu bringen. So nickte ich nur lächelnd, verbeugte mich höflich und zog mich in unsere Kammer zurück. Dort begutachtete ich die mehrseitigen Schriftrollen und begann zu lesen…

Ein Sendbrief für:

Die schwarze Löwin

Maatkare (Hatschepsut)
Große königliche Gemahlin
Thutmosis II.
Gottesgemahlin des Amun
(Pharao)

Noch immer zittert Meine Majestät ob der Größe dessen, was ihr offenbart wurde, und während die Hände kaum die Binsenstängel zu halten vermögen, umhüllt der Duft des Gottes das Herz meiner Majestät. Alles, was Meine Majestät, Thutmosis Aakheperekare, Herr von Biene und Binse, hier niederschreibt, ist wahr und geschehen, wie es niedergeschrieben steht.
Meine Majestät tut es mit eigenen Händen, denn Amun selbst hat es ihr in jener Nacht aufgetragen, in welcher die Erbprinzessin Hatschepsut von der großen königlichen Gemahlin Ahmose geboren wurde. Meine

Majestät schlief auf ihrem göttlichen Lager, als der Gott erschien und seine Gestalt glänzte wie Silber und Gold, und sein Atem duftete süß. Amun trat an das königliche Ruhelager, und dann hob der Herr der Götter Meine Majestät empor und brachte sie ins Urwasser, in dem die Welt ihren Anfang nahm und von dort hinauf zum Urhügel, auf dem alles, vom ersten Baum bis zum ersten Mensch, erschaffen worden ist.

Als Meine Majestät nun dort stand mit dem Gott, von unbegreiflicher Fülle und Reichhaltigkeit umgeben, legte Amun den Arm um die Schulter meiner Majestät und sprach mit schöner Stimme: „Siehe, dies ist der Ort aller Schöpfung, wie ich der Anfang aller Schöpfung bin. Ich habe dich zum Urhügel gebracht, um deine Augen zu öffnen und dir meinen Willen kundzutun. Mit deiner großen königlichen Gemahlin Ahmose habe ich eine Tochter gezeugt. Ich bin deiner Königin in deiner Gestalt erschienen und habe mich ihr offenbart als der, der ich bin. Die große königliche Gemahlin jubelte vor Freude, als sie mich erkannte und die Tochter, die ich mit ihr zeugte, ist schöner als alle meine Kinder, denn sie ist stark und gut, und ich liebe sie mehr als alle meine Söhne, die je meinem Samen entsprungen sind. Hatschepsut soll ihr Name sein, den ihre Mutter im Jubel für sie wählte, und da ich sie mehr liebe als alle meine Kinder, will ich sie über Kemet erheben und ihr die Doppelkrone geben, auf dass sie über das Land und die Menschen herrscht als Falke."

Meine Majestät war sehr verwirrt von den Reden des

Gottes und fürchtete sich vor der Größe seines Anblicks, obwohl seine Worte freundlich waren. Und doch erinnerte Meine Majestät Amun an die göttlichen Weisungen, welche er selbst verhängt hatte, und die besagen, dass nur Söhne über die beiden Länder herrschen dürfen. Und Meine Majestät fürchtete sogleich, dass der Gott ihr zürnen würde und sie unter seiner Gewalttätigkeit zermalmen. Doch Amun lächelte und sprach mit seiner wohlklingenden Stimme: „Und da es so ist, wie du sagst, werde ich selbst in ihr erscheinen und meinen Ka in ihrem Leib geben, damit sie herrschen kann. Und ich will mich offenbaren in 7 heiligen Zeichen, und du sollst Augen und Ohren gebrauchen, sie zu erkennen, und wenn alle 7 Zeichen sich offenbart haben, so soll niemand mehr daran zweifeln, dass ich selbst es bin, der sich im Leib meiner Tochter über sie erhebt.
Und so höre, auf welche Arten ich mich offenbaren werde, und schreib es nieder, damit alle Menschen meine Weisungen befolgen und meine treffliche Tochter Hatschepsut auf den Thron der beiden Länder heben.

Ein wildes Tier vermag allein ihr Anblick zu zähmen, und im Kampf soll ihr Arm der eines Mannes sein. Ein einziger Pfeil von der Sehne ihres Bogens vermag die Mauern einer Stadt zum Einsturz bringen, und ein gewaltiger Sturm, der Menschen verschlingt, wird ihr nichts anhaben können. Damit ihr jedoch nicht zweifelt, werde ich den Ka meiner trefflichen Tochter für eure Augen erscheinen lassen, und wenn dies geschehen ist, will ich mein Haupt vor der Prinzessin neigen. Am dritten Tag nach diesem Zeichen werde ich

den, welcher über die beiden Länder herrscht, fortholen, und dieses soll euch schließlich das 7. Zeichen sein.
Dann zögert nicht mehr und salbt sie…setzt die Kronen auf ihr erhabenes Haupt, und beugt eure Köpfe vor ihr. Denn ich selbst bin es, der sich meiner Tochter offenbart."

So sprach der Gott Amun zu Meiner Majestät und das königliche Herz war ergriffen von seinen Worten. Doch ein Wirbel erfasste Meine Majestät und trug sie fort vom Urhügel, ließ die Sterne erzittern, und dann lag meine Majestät wieder auf der Ruhestatt in ihren Gemächern. So ist es gewesen, und niemand soll behaupten, dass es anders war. Wenn die Zeichen sich erfüllt haben, so soll die vortreffliche Tochter des Gottes gesalbt werden, und alle Menschen Kemets sollen die Häupter vor ihrem edlen Anblick beugen, da es der Gott der Götter Amun selbst ist, der vor sie hintritt.

Ich las es abermals und in mir formte sich unweigerlich ein lang gezogenes „Neiiiiiiin.."
Aber meine Gefühle fuhren wahrhaftig Achterbahn… mir war dieses Schriftstück wohl bekannt, dies jedenfalls teilte mir unmissverständlich mein Körper mit, der sich nahe einer Ohnmacht befand. „Nein, nein, nein…" murmelte ich, denn meine Ratio war nicht in der Lage sich damit zu identifizieren, und dennoch murmelte ich immer wieder folgende Worte: „Falke… schwarze Löwin… Sphinx" und ich erinnerte mich an einer meiner ersten Astralreisen, wo ich eine merkwürdige Begegnung hatte…

Göttliches Puzzlespiel Teil 10

Verwandtschaftliche Beziehung zu den Plejaden / Atlas

Im zunehmenden Maße wurde ich mit meiner Hellsichtigkeit/Hellfühligkeit konfrontiert. Diese wurde immer klarer und eindeutiger, was sich immer wieder durch Kartenlegungen für Freunde und Bekannte bewies.
Ich fragte mich woher kamen diese merkwürdigen Zeichen und Symbole die vor meinem Dritten Auge herumschwirrten, warum konnte ich diese fremden Symbole übersetzen, obwohl sie mir gänzlich unbekannt waren? Das Ergebnis der Deutungen, und damit die Voraussage der Zukunft, waren jedenfalls zu etwa achtzig Prozent richtig, was sich oftmals schon Tage oder nur wenige Wochen später bewies. Ich fragte mich, wer schickt sie mir?

Eines Abends beschloss ich wieder einmal in eine tiefe Meditation zu versinken, nahm mir aber vor hierfür einen ganz besonderen Ort dafür auszusuchen.
Ich sagte mir: „Warum sollte ich nicht meine Augen schließen und mir vorstellen irgendwo zu sein, wo ich noch niemals war und wo ich schon immer einmal gerne meditieren wollte?"
Da fiel mir spontan ein besonderes Plätzchen ein, nämlich im Inneren einer Pyramide zu sitzen und zu meditieren. Mir gefiel der Gedanke und im Geiste suchte ich mir diese große Pyramide in Gizeh aus. In

der heutigen Realität wäre das sicherlich nicht möglich, denn dort dürften allenfalls begleitende Führungen erlaubt sein, keinesfalls würde man in einer der „Grabkammern" (*1) Meditations- Sitzungen dulden! Also, versuchte ich meine Fantasie auf eben diese bestimmte „Grabkammer" (*1) auszurichten und es funktionierte ganz gut. Ich hatte sehr schnell einen entspannten Zustand erreicht, bis ich wieder dieses „losgelöste" Gefühl hatte. Ich ließ mich fallen, und brauchte schon wenige Minuten später meine Fantasie nicht mehr, denn ich konnte alles was ich in Folge wahrnahm, einfach nur genießen, ohne dabei Regie zu führen. Es geschah einfach ohne mein Zutun:

Faszinierend war nicht nur der Umstand dass ich nunmehr die Umgebung, das innere einer Pyramide, wahrnahm, vielmehr auch den dort befindlichen Gerüchen förmlich ausgeliefert war. Ein feucht-warmer modriger Geruch, vermischt mit mir unbekannte Aromen von Gewürzen und Räucherwaren, die die Luft schwängerten. Zu meiner Linken befand sich der steinerne Sarkophag, ein überdimensionales Etwas, das den Raum fast völlig vereinnahmte. In Blickrichtung konnte ich ein Wandbild erkennen, bemalt mit typischen altägyptischen Symbolen, die bei näherer Betrachtung die Geschichte des Totengottes Osiris erzählten. Auch war in der Geschichte etwas über eine Waage berichtet die Maat in der Hand hielt.

(Zugegebener weise hatte ich zu diesem Zeitpunkt tatsächlich nicht den geringsten Schimmer wer Osiris und wer Maat war, einmal abgesehen davon, dass ich hinsichtlich der ägyptischen Zeichen ebenfalls unwissend war!).

Warum ich aber trotzdem jeden „Satz" des Textes lesen und verstehen konnte, war mir ein Rätsel! Trotz des Dämmerlichts, das lediglich durch kleine Wandölleuchten zustande gekommen war, hatte ich merkwürdigerweise keine Angst. Vielleicht auch deshalb, weil inzwischen eine Katze um meine Beine strich und auf diese Weise Zärtlichkeiten einklagte.

(Ich dachte sofort an meine beiden Katzen zu Hause und fühlte mich heimisch geborgen).

Telepathisch teilte mir besagte Katze dann mit, dass ihr Name Basset war und sie mich sogleich zum Schutz begleiten würde.

(Ich war etwas irritiert, denn ich fragte mich: Wohin denn?).

Zu einer Beantwortung meiner Frage kam es nicht mehr, denn plötzlich erschien über mir ein grelles weißes Licht, das, wie es schien, die Decke über mir teilte und eine Öffnung nach oben sichtbar machte. Es schien ein Lichtstrahl zu sein der in etwa einem Tornado glich und kaum hatte ich das visuell erfasst, so wurde ich auch schon in diesen merkwürdigen Strudel förmlich hineingezogen!

(Spätestens jetzt wollte ich diese Art „Meditation" nicht mehr, denn der ganze Ablauf hatte sich buchstäblich verselbstständigt!).

Allerdings nutzten mir jetzt sämtliche Stoßgebete nichts mehr und mir blieb nichts anderes übrig als mich den Geschehnissen zu ergeben. Als sehr tröstlich empfand ich in diesem Moment die Anwesenheit der Katze, die aber in dieser „Dimension" die Gestalt einer überaus schönen, schwarzhaarigen Frau angenommen hatte und mich tröstlich an den Händen hielt. Das Gefühl des Sogs war jedoch schnell vorbei und ich landete in einem Vakuum-artigen Raum indem ich fast schwerelos war. Es leuchtete für einen Moment das Bildnis einer Sphinx auf und ich war irritiert, denn ich war im guten Glauben gewesen, dass wir aus dem Inneren der Pyramide empor geflogen waren. Wie aber konnten wir nun im Inneren der Sphinx verweilen? Und weshalb, so erschien es mir, war diese Sphinx das perfekte weibliche Gegenstück der uns bekannten Sphinx in Gizeh die erhaben vor den Pyramiden thronte?

Dieser Raum war kaum zu beschreiben, eher schemenhaft, allenfalls fielen mir riesige Regale gefüllt mit allerlei Papyrusrollen auf, sie schienen haushoch auf diesen Regalen getürmt zu sein – ein gigantischer Anblick!

Ich fühlte mich klein, winzig und unbedeutend. Ein menschenähnliches Wesen (welches Ähnlichkeit mit einem Löwen aufzuweisen hatte), jedoch mit unklaren Gesichtszügen, blickte mich eindringlich, fast herausfordernd fixierend, jedoch stumm an und es schien sich lediglich durch Telepathie mitzuteilen. Das Wesen war durch und durch Respekt einflößend, sosehr, dass ich seine Energie als ausgesprochen kraftvoll, aber auch als abweisend wahrnahm.

(Jetzt fühlte ich mich erst Recht völlig deplatziert und wäre am liebsten weggelaufen).

Kaum hatte ich diesen Impuls, so erschien auf einmal ein anderes Wesen, eindeutig ein Mensch, bei näherer Betrachtung ein Pharao der alten Zeit. Er erinnerte mich sofort an einen Pharao den ich einmal in einem Bildband gesehen hatte. Rein äußerlich erschien er mir sehr alt, aber so wie er sich bewegte und rein von seiner Energie her erschien er mir eher jung und vital. Ich fühlte mich in seiner Energie sehr wohl, hier schien keine Dominanz vorzuherrschen wie bei dem anderen Wesen, viel eher eine sanfte Väterlichkeit. Auch er teilte sich mir telepathisch mit, mit etwa folgendem Wortlaut:
„Du brauchst keine Angst haben! Shiva, mein Freund hier, bedient sich der menschlichen Sprache nur spärlich. Wie ich eben feststellte hast du dich dennoch nicht einschüchtern lassen und hast ihm getrotzt! Das spricht für dich, denn das besagt du hast ein reines Herz. Shiva blickt nämlich zuerst in die Herzen derer die hier in den heiligen Hallen zu Besuch kommen und Fragen haben."

(Shiva! Etwa der Shiva? Der hinduistische Gott?) – dachte ich spontan ohne es auszusprechen. Der Pharao antwortete prompt:

„Die alten Götter, sie sind zu neuem Leben erwacht. Sie sind Götter der alten Kraft. Gott Shiva ist ein sehr kräftiger, ein sehr liebevoller, doch auch für viele Menschenkinder ein gefürchteter Gott. Shiva wird dir zumeist so begegnen, wie du ihn sehen möchtest. Wenn die Absicht in deinem Herzen rein ist, wenn die Absicht aus deinem Herzzentrum kräftig ist und du Shiva gegenüberstehst, wird er voller Liebe und Freundschaft auf dich blicken. Shiva ist ein Meister der Energien. Shiva ist wohl kein großer Meister der menschlichen Sprache. Deshalb wird er nur das aller Nötigste von sich geben, wenn er zu dir spricht."

Nun war ich etwas mutiger geworden und ich stellte dem Pharao eine Frage: „Wer seid ihr denn? Und was mache ich hier?"

Dieser antwortete wiederum telepathisch: "Erkennst du mich nicht? Ich bin Amenophis! Du bist hier weil du wissen wolltest woher all die Symbole kommen die wir dir schicken! Deshalb sind Shiva und ich hier und wollen dich kennen lernen. Sehe es als Prüfung, denn du wirst verstehen dass wir nicht jedem den Schlüssel zum ODO SAM TACHAYEH, dem Tor Thot zugänglich machen können."

„Was ist das?" Frage ich und er antwortet: „Nenne es „Die Kammer der Weisheit", denn wie du siehst, ist hier das Wissen von Beginn des Lebens an, auf diesem Planeten dokumentiert, bis hin in deine Zeit. Damit muss verantwortlich umgegangen werden!"

„Sind also alle Bilder und Symbole die ich sehe von hier? Warum können das nicht alle Menschen sehen?"

„Nur Menschen mit dem erweckten Dritten Auge können es sehen. Nur inkarnierte Priester und Wissensträger der einstigen Dynastien Ägyptens sind befähigt dazu. Du hast das Alte Wissen in dir, es wird nur wieder in Erinnerung gebracht, deshalb erhältst du hier den Schlüssel dazu damit du in Zukunft weitaus mehr Wissen abrufen kannst. Es ist dein Erbe!"

Ich war in der Tat perplex! Ich wollte nur meditieren und mit einmal wird mir durch eine merkwürdige „Zeitreise" einfach so meine Frage beantwortet! Ich hatte noch so viele Fragen, aber kaum hatte ich diese formuliert, da war der Spuk auch schon vorbei, denn der Pharao sprach eindringlich zu mir: „Deine Zeit ist jetzt abgelaufen, du musst jetzt gehen! Vergiss nicht, du bist noch ein sterbliches Menschenwesen und solltest diesen Besuch nicht weiter ausdehnen! Lebe Wohl, kleine Menschenfrau, und gehe sorgsam damit um!"
Ich spürte an der linken Hand Basset, die katzenähnliche Frau, die mich jetzt sanft aber energisch in den licht durchfluteten Strudel lotste. Für einen kurzen Augenblick war das Gefühl überwältigend, aber auch sehr Angst einflößend und ich konnte mir nicht vorstellen dass ich diese Tortour überleben konnte! Tatsächlich hatte ich dann für einen Moment das Gefühl ich falle aus großer Höhe und müsste mehr als unsanft auf den Boden aufschlagen. Tatsächlich aber, fand ich mich sitzend in der Grabkammer wieder, so wie ich sie verlassen hatte und neben mir strich wieder die Katze um meine Beine. Ich schlug die Augen auf und ich saß auf meinem Bett, neben mir mein vertrauter Kater der seine Streicheleinheiten einklagte und ich war sehr glücklich diese „Reise" gut überstanden zu haben!

Zu (*1): Anmerkung: Aufgrund der immer klareren Indizien bin ich ich persönlich der Auffassung, dass innerhalb der Pyramiden keine Grabkammern zu finden sind. Nachweislich wurde nicht eine einzige

Mumie oder anderweitige sterblichen Überreste in keiner der uns bekannten und erforschten Pyramiden gefunden. Ich habe sie deshalb in meinen Ausführung lediglich als „Grabkammern" bezeichnet, weil der weitläufige Begriff vertraut ist. Tatsächlich, müsste man diese „Grabkammern" sachlich Richtig als „Einweihungsstätten" bezeichnen. Aus meiner, und der Erinnerung anderer Personen, handelte es sich deshalb um diese Einweihungsstätten, weil etwa der Sarkophag (mit Deckel) eine gewichtige Rolle spielte. In diesen legte sich nämlich der Einweihungsanwärter (Priester / Priesterin) in den höheren Graden, beispielsweise des 33. Grades (der höchsten Einweihungsstufe) um mittels der Stimmbänder eine Schwingung zu erzeugen, die in ihrem Höhepunkt den Sarkophag und darüber hinaus die Kammer, bis hin zur gesamten Pyramide, indiziert, dass der Einweihungsprüfling problemlos aus den physischen Körper austreten kann um mittels des Astralkörpers in den Hyperraum vordringen kann. Eine entsprechende Bauweise der Pyramiden, welche nach dem Orien- und Sirius- System ausgerichtet ist, dient schließlich vereinfacht ausgedrückt als Richtungsweiser (Kompass) für die austretenden Astralseele. Eine Verbindung mit anderen Planetensystemen (und deren Bewohnern) herzustellen war von daher ein tiefverwurzelter und spiritueller Wunsch der Einweihungsanwärter! Ich selbst kann mich an einige der höheren Einweihungsgrade sehr gut erinnern und vermag auch heute noch völlig problemlos auf Wunsch aus meinen Körper auszutreten. Jedoch gebe ich zu bedenken, dass derartige Einweihungsriten beispielsweise in der ägyptischen Kultur zelebriert wurden und meiner

Ansicht nach nicht ausschließlich die einzige Aufgabe einer der Pyramiden erklärt. Grundsätzlich handelt es sich um „Energie -Maschinen", über deren ursprüngliche Nutzung derzeit heftig spekuliert wird. Eine mögliche These, für die es Indizien gibt, ist, dass Pyramiden „Freie Energie- Maschinen" sind. Zumindest lassen physikalische Messungen das vermuten.

Hier noch einmal eine weiterführende Information zu meiner geschilderten Astralreise:

Interessant ist hier der Auszug aus:
ERDGESCHICHTE

teleboom.de/html/body_erdgeschichte.html#Anunnaki Herrschen

AUSZUG:

Vor 5.500 Jahren** bauten die Anunnaki die Sphinx von Gizeh zu Ehren Thots (Tahuti). Die Sphinx ist das Abbild von Tahuti* und hat eine hohe spirituelle Bedeutung. Unter der rechten Vorderpranke ist die von Tahuti angelegte Kammer des Wissens. Sie ist zur Zeit noch energetisch verriegelt und somit für uns Menschen, auch für die dort intensiv suchenden amerikanischen Forscher und Militärs, noch unerreichbar.
* Falsch. Es ist das Abbild von Amun Re! ** Eher vor 12 – 15 Tausend Jahren.

Anmerkung: Nur Mythen? Ich stellte mir jedoch nachhaltig die Frage, weshalb hatte ich tief unter der Erde eine weitere Sphinx gesehen? Gab es möglicherweise ein kleineres, weibliches Gegenstück zu der für uns sichtbaren Sphinx? Könnte es sein, dass

jene Sphinx die als die „Hatschepsut – Sphinx" bezeichne wurde eine Ähnlichkeit mit eben dieser von mir „gesehenen" Sphinx hatte? Immerhin, soweit uns bekannt ist, finden dort unter der Sphinx archäologische Forschungen statt, aber würde man es uns in der heutigen Zeit mitteilen sollte man fündig werden? Aller Wahrscheinlichkeit nicht!

Der erste Teil ist hiermit beendet. Den zweiten Teil bekommst du sofort nachgeliefert wenn er fertig geschrieben und überarbeitet ist. Ich habe es absichtlich in zwei Teile angedacht, weil sonst die Datei beim Downloaden Schwierigkeiten machen könnte, da meine Internetverbindung derzeit etwas schwächelt. Ich denke aber, das hier ist erst einmal ein ausgiebiges „Päckchen" zum lesen und recherchieren falls gewünscht.
Im zweiten Teil rückt natürlich die Familie am Hof von Thutmosis, einschließlich deiner Verkörperung als Nefuru Re in den Vordergrund. Hier wird dann Frank noch einiges beizutragen haben. So erhältst du Auszüge aus seinem publizierten Buch der Erinnerungen aus Sicht des Thutmosis des III. Sowie aus unserem gemeinsamen erst kürzlich publizierten Buch. Auf diesem Wege haben wir im laufe der Zeit uns in gemeinsamer Erinnerung der wahren Geschichte angenähert, obgleich uns bewusst ist, dass es nur ein subjektiver Blickwinkel sein kann. Auch werde ich deinem galaktischen Vater ANU mehr Raum geben und du wirst vieles über ihn erfahren.

Der zweite Teil wird auch die griechische Variante und Sichtweise wiedergeben, denn die Schauspieler (Seelen) der „Rollen", ergo die „Götter" sind letzten Endes dieselben. „Rollen" nenne ich es deshalb, weil wir als Seele jeder hier auf der Erde eine Rolle annehmen. Manche sind augenscheinlich wichtige Rollen, andere hingegen erscheinen uns banal. Was aber nicht der Fall ist. Jede Rolle ist wichtig, da sie einst unserer Seelenentwicklung diente.

Fragt man mich nach meiner Identität oder nach meiner Herkunft sage ich immer spontan: „Ich bin Anunnaki und Plejadierin, Tochter des Titanen Atlas und Gattin des Zeus." Obwohl das Richtig ist, ist dennoch nur ein kleiner Teil meiner ICH BIN Essenz enthalten, denn mein Ursprung, geht man von der griechischen Variante aus liegt ja bei der Titanen GAIA, oder ziehen wir die ägyptische Variante hinzu bei Tefnut und meinem Vater Amun Re. Ganz sicher ist jedoch auch folgendes: Dein Ursprung geht ebenso weit zurück – das beweist schon alleine dein fast identischer Seelencode!

Dein Ursprung – Teil 2

Obgleich ich hier vorrangig die Zeit als Hatschepsut an der Seite des Thutmosis des I., II., und III. In der 18. Dynastie beschreiben werde, möchte ich erst einmal etwas nachträglich der Ordnung halber hier einfügen. „ENNIAS CU" - *Ninhursag* war meine und *„ANU's"* (*Zeus*) Tochter gewesen. Die „Ärztin und Gentechnikerin von Altair" war ich!

ENNIAS CU   5 (2)* = 7   5   9/6   5   = 1/(7)*
(Bewohnerin u. Ärztin v. Altair)

Vorhandene Zahlen: 1 – 5 – 6 – 7 – 9
Geburtsdatum Christine Inge Barth: 7.6. 1965 -

* Aus 5 (Der Hohepriester) wird 2 (Die Hohepriesterin) da Betreffende eine Frau ist. Daraus ergibt sich eine neue Zahlenenergie: 5+(2)* = 7.

9/6 sind Umkehrzahlen. Sie können Mittig (Äußerer – oder Innerer Wert) getauscht oder ergänzt werden, denn die Regel besagt: 9 (Der Weise) ist = 6 (Die Liebe), weil Weisheit ohne Liebe nicht geht und Liebe ohne Weisheit nicht möglich ist, Deshalb gehören beide unzertrennbar zusammen. Deshalb, betrachtet man beide Zahlen, kann man beide variable drehen, sie erscheinen entweder als 6 oder als 9.

Zum Vergleich:

Hatschepsut   5 (2)* = 7   5   9/6   5   = 1/(7)*

Vorhandene Zahlen: 1 – 5 – 6 – 7 – 9
Geburtsdatum Christine Inge Barth: 7.6. 1965 -

Nun zu Hatschepsut und Thutmosis den III.

Zuerst möchte ich etwas Wichtiges vorausschicken was deine Frage bezüglich F. v. F (Thutmosis III. / Thot etc.) beantworten wird. Wir haben uns in diesem Dasein hier in Berlin etwa 1989 zum ersten Mal wieder gesehen, dies über einen gemeinsamen Bekannten Namens Andreas O., jedoch, da es nur eine sehr kurze Begegnung war, erkannten wir uns nicht. So lebten wir nicht weit voneinander entfernt sozusagen nebeneinander her ohne zu ahnen wie nahe wir uns einst standen. Das war sicherlich von der "Geistigen Welt" auch so angedacht gewesen, denn ein jeder sollte erst einmal getrennt voneinander seinen angedachten Weg gehen um hier seine notwendigen Erfahrungen zu machen und sein Karma auszugleichen. Dazu mussten wir vorerst andere Beziehungen eingehen – Karmische Beziehungen – die zu unserer Reifung und Öffnng führten. Merkwürdigerweise, kurz bevor wir dann 23 Jahre tatsächlich Richtig aufeinander stießen, war inzwischen Frank aus Berlin weggezogen und war nun in T.xxx an der deutsch – schweizerischen Grenze beheimatet. Ich wurde durch einen Facebook "Freund" auf F. v. F. aufmerksam, denn dieser hatte ein Youtube Video von "Bewusst TV" gesehen, worin F. als Gast in Sachen "Reinkarnation" vorgestellt wurde. Darin ging hervor, dass sich F. mit dieser Lehre jahrelang beschäftigt hatte, ein "Rebirth Research Institut" gegründet hatte und bereits viele Klienten verifiziert hatte. Darunter befanden sich auch sehr viele Prominente, wie etwa Schauspieler, Sänger und Politiker. So wandte sich besagter C. an F. um auch für sich herauszufinden wer er einmal gewesen war. Dies erzählte mir Christian am

Telefon und ich wurde neugierig!

Eine innere Stimme rief mir förmlich zu: "Nimm Kontakt mit diesem F. v. F auf!" Das tat ich und zwar als Klientin. Seine Stimme am Telefon war mir sehr vertraut und ihm ging es nicht anders, er war verwirrt! Das zeigte sich nach weiteren vier Wochen als er immer noch kein Ergebnis präsentieren konnte. Er war im Grunde zu durcheinander, weil er die Wahrheit bereits wusste, aber so viel Angst davor hatte, dass er der Angelegenheit lieber noch etwas aus dem Weg ging. Jedoch hatte er nicht mit meiner Hartnäckigkeit gerechnet und so fragte ich alle 4 Wochen (4 Monate lang) höflich nach und erwartete ein Ergebnis, denn ich hatte bereits einen Teil dafür bezahlt!
Inzwischen waren wir "Freunde" bei Facbook geworden und er hatte vier Monate immer eine andere Ausrede warum er mir noch kein Ergebnis präsentieren konnte. Der Ärmste hatte schlichtweg "Schiss"! ;-)

Eines Tages postete F. ein Foto bei Facebook,es stellte den angeblichen Thutmosis den III. dar. Offiziell war das Bildnis auch als Thutmosis III. deklariert, zumindest hatten das die Ägyptologen so geschlussfolgert, jedoch wusste, dass ich damals Modell gestanden hatte – und F. wusste das als Tuhtmosis III natürlich auch! Er dachte sich folgendes: "Wenn sie das Foto sieht und ich behaupte das ist Thtmosis III, so werde ich sie womöglich aus der Reserve locken und sie springt darauf an!"

Und ich sprang natürlich darauf an! Ich kommentierte

ganz spontan etwa folgenden Wortlaut: "Nein! Das ist nicht Thutmosis der III., Hatschepsut hatte Model für die Steinmetzarbeit gestanden und ich weiß das, weil ich anwesend war! Thutmosis und Hatschepsut hatten immerzu jahrelang ihren Spaß dabei die Rollen zu tauschen, mal nahm sie seine Rolle an, mal umgekehrt, das Ganze verwirrte am Ende nicht nur das Volk, den Hofstaat, sondern auch am Ende die Priester."

Das war dann für F. erst das sichere Indiz gewesen, dass ich tatsächlich Hatschepsut gewesen war! Darauf folgte per Mail ein kleiner Schlagabtausch den ich dir hier hineinkopiere:

Ich: (auf das Foto hin welches er in Facebook eingestellt hatte)
„Maat – Ka Re / Hatschepsut …. „

Er: „Nein Christine - Thutmosis III."

Ich: „Nein, Modell hat Hatschepsut gestanden... ich weiß es, war anwesend! Die beiden haben gerne ihr Verwirrspiel gespielt! Wenn du dich noch intensiver mit meiner "Vergangenheit" beschäftigt hättest, hättest du das in Erfahrung gebracht!" ;-)

Er: „Warum ich das "nicht" getan habe, liegt in der Erkenntnis begraben, das es Dinge gibt, die man sich selbst erarbeiten sollte. Das hast Du getan...und es freut mich umso mehr...dass Du verstanden hast - wer Du warst - und wer ich bin. Ja die beiden haben sich sogar

ausgetauscht in Rolle und Kleidung. Einmal war Sie Er und einmal war Er sie... es ging um mehr als die Menschen sich hätten denken können. Und nun, da Du wieder erschienen bist, sollten wir die Massen aufklären! Die Frage kann nur lauten: Bist Du wieder dabei? ...
Ich habe übrigens Deine Mumie ins Grab 33 umbetten lassen *, ebenfalls Senenmut. Nun liegen beide bis in die Ewigkeit vereint im Boulak Museum Kairo. Mehr konnte ich damals nach dem alles zu Ende ging nicht für Dich tun! Ehre und Stärke - möge die Maat immer über uns Wachen und uns verbinden...Es wird schwer einen Button für Dich zu zaubern, abgesehen davon möchte ich wissen, wozu Du bereit bist!" * Das entspricht nicht der Wahrheit!

Ich: „Ich bin schon seit ich wieder hier bin zu allem bereit und bin nicht umsonst Kriegerin des Lichts! Wenn du wüsstest...
was ich hier alles geschafft habe! Herzlichen Dank für das Umbetten, ist so genau Richtig! <3 P.S Treffen im November* in Gizeh!!! Unsere außerpanetarische Familie landet dort! Schreibe es dir bitte in deinen Terminkalender! Exaktes Datum gebe ich gerne noch bekannt Ich bin ja nicht nachtragend! Ja, ja... die Seelenfamilie ist vereint..." :-) * Zeitplan wurde nicht eingehalten!

Er: „Das weiß ich - danke! In meinen Händen hat sich das Geld auf wundersame Weise für Dich vermehrt...Ich habe es in Töne und Melodien umgewandelt...und mein Sohnematz alias X.N. macht das wirklich gut! So viel so gut! November Ägypten...

meine alte Liebe, wann werde ich Dich wiedersehen -
mir war es bisher verboten nach Kemet zu reisen...ich
weiß heute warum...
ja gern komme ich mit...
ist höchste Zeit! Aber warum Gizeh, ich denke wir
sollten wenigstens Karnak/Wasjet einen Besuch
abstatten.. hier was für Dich von wegen UFOS...
also ob wir die Jungs damals nicht selbst kennengelernt
haben... grins: .danke -ich bin gern dabei...
war zum Glück noch nicht wieder in Ägypten...
zumindest in diesem Leben...

Ich: „Das ist schön und mit Verlaub gesagt, ich wusste
es ja, WIE du es umgesetzt hast. Ja, für unsere Söhne...
so ist es Richtig! - In jedem Fall Karnak/Wasjet ... das
war vorgesehen..
Danke Thut <3 Immer diese kopflastige Recherche der
"Wissenschaftler", die werden niemals auf diesem
Wege zu ihrer wahren Essenz vorstoßen...

Weißt du Thut, lasse dir sagen, du weißt es, ich weiß
es... und ich bin seit ich hier bin in direkten Kontakt
mit ihnen, verweile seit der Kindheit im Mutterschiff,
lernte dort so viel wie hier nicht... eine Hälfte meiner
Seele hier, der andere dort... und glaube mir, es ist
unsere Familie und als das werden wir begrüßt
werden... endlich wieder vereint und das wird in Gizeh
ein riesiges Event werden... ein Freudenfest der
Tränen!
In diesem Fall sind Kairo... Gizeh... und symbolisch die
Pyramiden noch ein einziges Mal für uns von
Bedeutung... und fühle in dein Herz hinein - du
wusstest es IMMER!
Mein Richtiger Name aus der Urquelle: Viw-vi ... hatte

ich ihn dir je genannt?"

Er: „Es wird viel geschehen, auch ich fühle in Dich und Deine Wahrheit soll mit der meinen sich verbinden, für alle Zeit! Es ist soweit! Unsere Familie kommt nicht von der Erde... mein wahrer Name ist "Tahuti" ich komme einstmals von Regulus.."

Ich: „So etwas habe ich mir schon gedacht Ich weiß das doch... ;-)
Dann hatten wir aber all die Jahre regen telepathischen Kontakt... :-)
Schön nicht, wenn man sich endlich einmal outen kann?" ;-)

Anmerkung: An einem weiteren Tag schrieben wir uns wieder:

Hatschepsut (nachdem er mir mein Familienwappen als Button geschickt hatte):

„Gedankengut = Positive Energie und dies muss in die Welt hinaus
geschickt werden ... Danke ... Aber weißt du, das war mir nicht wichtig ...
ich ehre meinen Ziehvater und seine Ahnen ... ich ehre auch meine Ziehmutter und ihre Ahnen ... aber ich weiß auch, dass dies nicht meine wahre Herkunft ist, denn ich bin ein Walk- In... aber wie du weißt, hat auch dies aus Höherer Sicht seine Berechtigung ... "

Thutmosis:

„Okay, habe verstanden! Walk In huppsallla!!! Was war der ausschlaggebende Umstand der das nötig gemacht hat? Wolltest wohl im Endspiel dabei sein ...

konntest es nicht abwarten, wieder retour zu kommen? Wann ist es passiert? ...
Die "drei" was soll ich mit diesen ganzen Dreien machen? Mach mir mal ein weisen sinnvollen Vorschlag. Die ganzen Musiker, fast alle machen jetzt "meine" Drei ... aber was nutzt das... wenn es keiner im Gesamten sieht!

Mach Dir mal meinen Kopf ... stecken acht Jahre harte Arbeit drin..."
Hatschepsut:

„Hallo Thutmosis,

diese Frage beantworte ich dir gerne. Ich gehe damit ungern hausieren, weil es im Grunde eine delikate Angelegenheit ist, zumindest für viele der Lichtarbeiter, aber im Besonderen der reinkarnierten Sternensaaten. Ich möchte verständlicherweise die Moral und deren Loyalität nicht schwächen, den Anlass meines (und anderer) war gewesen, dass 1970 nach der Wiederkehr uns Plejadier aus unserer Heimat (meine ist Atlas), nachdem wieder (wie regelmäßig in den letzten Jahrzehnten) reptiloide Wesenheiten unser Sternensystem angegriffen hatten (aber erfolgreich abgewehrt wurden) kaum einer mehr ernsthaft Interesse hatte die "Säuberung" der Erde von diesen Wesenheiten vorzunehmen. In einem dafür einberufenen Rat wurde diese Angelegenheit heftig diskutiert, an diesem nahmen viele Rassen teil und man (auch ich) verwies auf die Wichtigkeit einen Teil dazu beizutragen. Ziel war schließlich die Menschheit möglichst rasant und effizient vor dem Aufstieg in einen Bewusstseinsanstieg zu begleiten. Einmischung war nicht auf allen Ebenen erlaubt, allenfalls die Verhinderung jeglicher nuklearer Kriege. Da ich optimistisch war, dass man die Menschen zu einem Teil auf subtile Weise dazu bringen konnte aus ihrem Dämmerschlaf ins Erwachen zu bringen und ich auf der Seelenebene schon äußerst erfahren war, unter anderem Erderfahrungen aufzuweisen hatte (unter anderem einst stationiert in Lemurien), die Zeit jedoch drängte, entschied man sich mich und andere verschiedener Rassen auf diese Weise auf die Erde zu schleusen. Ein durchaus gängiges und erprobtes Verfahren. Vordergründiger Auftrag war die Neutralisierung der in den Untergrundbasen stationierten Reptiloiden. Du kannst davon ausgehen, dass viele deiner "Three" ebenfalls zum Zwecke der "Energieanhebung" von anderen Planetensystemen "rekrutiert" wurden, denn es ist deiner Beobachtungsgabe wohl nicht entgangen, dass viele (wenn auch auf subtile Weise) unbeirrt auf ihren angedachten (strategischen) Plätzen stehen und wirken. So auch du, wenn du auch den Weg der Inkarnation wählen konntest, was ich aber aufgrund deiner Seelenreife nicht annehme. Man wählte für mich einen Körper einer Fünfjährigen aus welches laut Vereinbarung (Seelenplan) verstarb. Das hatte den Vorteil, dass ich nicht den "Schleier des Vergessens" hatte, wie es schließlich bei der Reinkarnation üblich ist.

Ich konnte mich sozusagen ziemlich rasch, genau gesagt mit rund 25 (Erden) - Lebensjahren und nach einem einjährigen Aufenthalt in einem tibetanischen Kloster an die "Arbeit" machen. Diese Methode hatte sich durchaus bewährt, denn schließlich waren die reinkarnierten Sternensaaten und die anderen "Lichtbringer" der Geistigen Welt, zumeist Atlanter, buchstäblich "eingeschlafen" und wurden nur mühsam durch Bewusstseinsimplantate entsprechend ihrer Codierungen aktiviert. Dieses Unterfangen erwies sich als zermürbend und lange hat es gebraucht sie zu erwecken! Das ist auch mit großer Wahrscheinlichkeit das, was du mit einem großen Seufzen im Herzen hast selbst festgestellt. Viele derer "sehen" jeweils nur Teilabschnitte des Ganzen, entsprechend ihrer Codierungen, sind aber aufgrund der bislang bestehenden „Dichte" nicht in der Lage gewesen das "Ganze" wahrzunehmen.

Wie du selbst am besten weißt, bedarf es jedoch die Erinnerung ihrer ureigenen Identität, die Erinnerungen ihrer möglichst zahlreichen Inkarnationen. Dennoch, sei nicht entmutigt, alle stehen auf ihren angedachten Plätzen, jedes "Puzzle Teil" fügt sich nach Plan aneinander und es gibt inzwischen Grund optimistisch zu sein!

Auch ich habe wohl einige Inkarnationen vergessen, ich habe nur die Erinnerung an prägnante Vorleben und zwar, wie ich feststellte, nur an jene die für den jetzigen Auftrag essenziell waren. Heilerin bei den Arkturianern, Schamanin, Magier, Priesterin und Eingeweihte (hier bedanke ich mich nochmals bei dir Thot), Regentin, Schrifsteller(in) und in meiner Heimat auf Atlas und unterwegs Soziologin. Deshalb hatte ich mich auch an dich gewandt, zum einen war ich in der stillen Hoffnung du erinnerst dich an unsere einstigen Begegnungen und zum anderen hätte ich tatsächlich gerne gewusst, ob es eventuell noch andere Erden Inkarnationen gab. Bist du dir sicher, dass du derzeit reinkarniert bist? Üblicherweise können nämlich Ur - Seelen, wie du es bist, nur als Walk- In in Erscheinung treten, weil es aufgrund ihrer Seelenpläne nicht mehr gestattet ist sich in einer dreidimensionalen Welt zu begeben in Form der Reinkarnation. Nun, ich könnte noch viele Details hinzufügen, aber selbst meine kurze Hintergrundinformation ist bereits zu ausführlich geworden und wird, falls ich das noch bewältigen kann ohnehin in Form eines Buches publiziert werden. Meine hauptsächlichen Aufträge habe ich ohnehin zu meiner Zufriedenheit erledigt, insofern kümmere ich mich derzeit nur noch verstärkt um die Sternensaaten der Nachhut, denn diese werden schließlich jetzt verstärkt in Erscheinung treten um die Menschheit in das "Goldene Zeitalter" zu führen! Und du wirst mir zustimmen, dass das auch genau Richtig ist!

Ich bin "müde" geworden, es hat mich meine Energie gekostet, hat mich meinen erstgeborenen Sohn gekostet und zwei Tötungsversuche an mir haben mich auch Kraft gekostet. Wir alten Seelen haben doch nun wirklich genug für die "Mission Gaia" gegeben! Ich habe mich deshalb entschieden wieder auf das Mutterschiff zu begeben, denn dort wartet mein Vater, meine Großmutter und andere Verwandte. Ich habe große Sehnsucht, da nur selten physische Besuche möglich waren. Ich habe das körperlich nämlich nicht gut verkraftet, war somit angewiesen Astralreisen dorthin zu machen. Aber das wirst du sicherlich gut verstehen, denn du warst ja auch immer ein

"Globetrotter" der Welten, immer unterwegs neue Gründe zu entdecken! Adonei"

Thutmosis (er zitiert hier einen Brief seiner Mutter:

In meinem letzten irdischen Leben war mein Name XXX, meine wenigen Freunde, nannten mich Josi oder einfach nur Ju Ju. Ich habe viel auf diesem Planeten gesehen, bin viel gereist und habe mir Eure Welt genau angesehen. Ich habe geliebt, genossen und gelitten, am meisten unter Euch Menschen. Ich liebte den hellblauen Sommerhimmel, ich liebte die warme, herrliche und wunderbare Sonne - ja ich war ein richtiger Sonnenanbeter und Nachts schaute ich über meinen Kopf hinweg und betete die Sterne an - meine Heimat - von der ich einstmals gekommen bin. Als Mensch bin ich nur vier Mal auf Eurer Welt reinkarniert, einmal in Italien zur Zeit Leonardo da Vincis, und einmal in Frankreich, zu dieser Zeit nannte man mich die heilige Jungfrau von Orleon. Und in diesem Leben in Deutschland, und das hat einen einzigen Grund gehabt, denn eigentlich wollte ich nie wieder auf die Erde zurück kommen. Der Grund war, das ich nach der ägyptischen Periode ein zweites Mal meinem Sohn THUTMOSIS-Horus eine echte fleischgewordene Mutter sein wollte.

Mein wahrer Name ist ISIS, ich komme nicht von Eurer Welt. Meine Heimat ist das Siebengestirn, Ihr nennt diesen offenen Sternenhaufen: DIE PLEJADEN.

In der 18.ägyptischen Dynastie gebar ich durch das Sternenzelt meinen einzigen und geliebten Sohn Thutmosis III.. Vieles lag seinerzeit auf Eurer Welt im argen, genauso wie heute, wobei es heute um tausendmal schlimmer ist, als im alten geheiligten Land Kemet. Für mich und uns, war nur eines immer von besonderer Wichtigkeit, Weitsicht, Nachhaltigkeit, Gerechtigkeit, Liebe, Freude, Kreativität, Verstand, Wissen und Weisheit. Diese Attribute gab ich meinem Sohn für Euch mit auf seinem Weg, damit er Euch weise und mit klugem Verstand, mit Liebe und in Gerechtigkeit regieren konnte, das ist Ihm, wie Eure Geschichtsbücher es schreiben, auch in den allermeisten seiner ungezählten Vorleben, hier auf Eurer Welt gelungen. Thutmosis III. war der erste universelle Kosmopolit, und er erschuf das erste wirkliche Weltreich

Alles war Ihm heilig, die Menschen ebenso, wie ein jedes anderes Geschöpf unter dem Himmel und dem Planeten, den Ihr Erde nennt. Ja sogar der Kugeldreher, den wir Skarabäus genannt haben, war heilig. Wir nennen Eure Erde – TIAMAT - und ich bin froh, dass ich – heute - nicht mehr unter Euch leben muss. In Eurer Welt gibt es zu viele Dinge, die ich und die Meinen nicht verstehen können, bzw. nicht wollen. Natürlich haben wir den uns aufgetragenen Aufgaben, den Menschen gegenüber jederzeit wahrgenommen.

Da mein Sohn in all seinen Erdenleben immer wieder Euch Menschen gedient hat - und er so manches mal - die Geschicke dieses Planeten zu Euren Gunsten ausgelegt hat, Er starb meist einen frühzeitigen Tod durch Missgunst, Neid, Geiz, Unverständnis und

Dummheit. Und da Er dies über eine sehr lange Zeit getan hat und in den vergangenen 16200 Jahren, vieles für Euch Menschen hat erleiden müssen, entschied ich mich in diesem Leben, als seine wahre fleischgewordene Mutter zu reinkarnieren, um die unendlich vielen Seelenwunden, die in Ihm sind, als Mutter zu heilen, ich habe das getan, weil ich Ihn liebe, nicht nur als Mutter, die jetzt nicht mehr unter Euch weilt, sondern weil Er ein letztes Mal die Geschicke Eures Planeten, gemeinsam mit den Menschen die wahrhaft edelmütig und im Herzen rein sind, zu leiten. Ich gab Ihm all meine Liebe damit ich seine Wunden, die Ihr Menschen ihm in allen seinen früheren Inkarnation beigebracht habt, zu heilen - ich habe das getan - vor Mitleid an seiner geknechteten Seele. Und immer wieder hat er betont, das die Menschen ihm ein Mysterium sind, und Er viele Gute unter Euch getroffen hat … und ich wiederhole, dass ich sehr froh bin, nicht mehr unter Euch Menschen, leben zu müssen. Das „Grow" von Euch Erden Menschen ist zu armen, manchmal dummen, aber meist ignoranten Jammerlappen verkommen und es ist - nur die Liebe die mich dazu bewogen hat, dem Seelenwunsch dieses Wesens, zu entsprechen.

Ich reinkarnierte nur wenige Male auf Erden. Einmal zur Zeit Leonardo da Vincis in Italien, dort war ich Ihm, diesem liebenswerten Genie, das zweite Mal Mutter und einmal in Frankreich, zu dieser Zeit nannte man mich, die Jungfrau von Orleon, und einmal in England zur Zeit der Kelten, zu dieser Zeit, Richard Löwenherz erbaute Camelot, war mein Name Morgan, nicht zu verwechseln mit Morgana, meiner schwarzen Schwester. . Dies war die vierte und vorletzte

Reinkarnation. Mein Lieblingsland war immer Ceylon und das Land Griechenland und die Insel der Götter K-RE-TA, nur hier habe ich mich auch in diesem irdischen Leben wirklich glücklich gefühlt ... vielleicht liegt das auch daran, das Thot nachdem Atlantis versunken war, hier sein Brückenkopf hatte, bevor wir dann als Isis, Horus, Osiris , Seth, Nephtys, die ägyptischen Hochkultur erschufen.

In diesem heutigen Leben ist er im Fleische eines Menschen reinkarniert.

Isis

Thutmosis:

Das ist mittlerweile auch bei Wikipedia als amtlich anerkannt ...
nun, das sind wir wieder ... Thutmosis III. stammte aus der Ehe des Königs Thutmosis II. mit einer Nebenfrau namens Isis. (Angeblich kommt Sie nicht von dieser Welt) ... nur soviel zu Deinem respektablen Brief, es macht mir zu senst Spaß mit Dir einen Diskurs zu führen.

Ich fühle mich dadurch nicht ganz so allein, unter den vielen Menschen, die immer noch die Drei-Affen-Krankheit haben ... grinst. :-D

Hatschepsut:

Lieber Thutmosis

wenn du den Diskurs mit mir, wie du es nennst, genießt, und deren Motive kann ich sehr gut nachvollziehen, so ist es nicht nötig mich über historische Ereignisse aufzuklären. Ich weiß dies schließlich alles, denn zum einen bin ich darin selbst involviert gewesen, beispielsweise hatte ich hinreichend Gelegenheit gehabt mich mit Isis, der leiblichen Mutter von Thutmosis, zu befassen.

Auch wenn mir damals bewusst war, dass sie ihren Sohn nur schützen wollte, so bestach sie in ihren Verhalten, welches intrigant war, keineswegs. Wir waren zu dieser Zeit nicht die besten Freundinnen um es gelinde auszudrücken. Die Hintergründe muss ich dir wohl nicht näher erläutern. Aber das alles ist immer aus der jeweils "Höheren Ebene" zu betrachten, denn schließlich waren wir alle aus der "Weißen Bruderschaft" ohnehin nur "Spielfiguren" der Geistigen Welt und hatten unsere "Rollen" durch zu spielen, immer im Fokus unseren Auftrag. Nichtsdestotrotz nahm dennoch jeder auf der Erde auch weniger spirituelle Eigenschaften an, welche oben in deinem Text genannt sind.

Interessant war allerdings für mich, dass sie in ihren Worten, die nicht nur Bitternis vermuten lassen, sondern zwischen den Zeilen auch Borniertheit vermuten lassen, eben jene der Charakterzüge der Isis zum Ausdruck bringen, jene Isis die ich einst kennen gelernt hatte.
Aber ich werde mich hüten zu verurteilen, denn wahrlich schwer war jedes gelebte Leben einfach aufgrund dessen, dass man in dem "Götter- Spiel" ohnehin nur eine Marionette war und die "Fäden"

immer spürbar waren. Ich mache mich davon auch nicht frei und es gab genug Tage wo ich ebenfalls voller Bitterkeit war, voller Einsamkeit und auch Resignation. Aus diesem Grund kann ich auch sehr gut nachvollziehen wie du fühlst. Betrachtet man diese Situation, von dir als die "drei Affen" dargestellt, aus der menschlichen Sicht, so liegt es nahe daran zu verzweifeln - das ist Menschlich - aber betrachtet man es aus der Höheren Sicht, so ist das nachvollziehbar und gewinnt in der Betrachtungsweise eine wohltuende Neutralität. Ich bemühe mich stets darum diese Begleitumstände neutral zu bewerten und lasse meinen Ego nicht übermächtig werden. Was mitunter auch durch meinen Erfahrungsschatz bezüglich der zahlreichen Astralreisen herrührt, denn dort durfte ich leibhaftig erfahren was der Ego tatsächlich ist: Ein hässlicher Gnom der schwer wie ein Betonklotz auf der Schulter sitzt und einem jegliche Energie heraus saugt! Recht schnell lernt man diesem Gnom Einhalt zu gebieten! Denn wer hat schon Lust und Kraft mit "schweren Gepäck" zu reisen?

Was mir bei dir aufgefallen ist, dass du dich in deinen Einlassungen auf deine Mutter beziehst. Ist es so, dass sich Söhne immer derart mit ihren Müttern identifizieren? Wo bist aber du? Du in deiner Essenz, deinen persönlichen Erinnerungen und Schlussfolgerungen? Gibt es nur die eine, nämlich dein derzeitiger Auftrag? Ich spüre du trägst, wie wohl wir alle, schwer daran.

Ich meine, wir haben hier unseren Job doch so gut es ging zu aller Zufriedenheit erledigt. Warum dann immer im Zweifel sein ob es hätte noch besser ausgeführt werde hätte können? Ich betrachte es immer aus der positiven Warte, wie etwa das was dein Bestreben betrifft: du hast doch inzwischen so viele Mitglieder der "Weißen Bruderschaft" gefunden! Freue dich über deinen Erfolg! Jeder einzelne der Mitglieder weiß doch was sein derzeitiger Auftrag ist, manch einer früher, manch einer später, je nach seiner innewohnenden Codierung. Sehe es wie ich pragmatisch und nüchtern.

Ich fühle aber mit dir, denn in uns wohnt der tiefgründige Wunsch uns wieder zu einen, schließlich ist die "Schlacht" bald geschlagen!

Wir haben so lange darauf gewartet und sind voller Sehnsucht wieder zueinander zu finden, denn unser wirkliches Heim ist bei unseren Familien und unsere Mütter und Väter sind "Die Geistige Welt". Aber denke nach, haben sie uns nicht immer beigestanden? Ich habe hier auch immer im regen (telepathischen) Austausch mit ihnen gestanden und so kam ich über ungute Gefühle schnell hinweg. Es gibt jetzt Grund sich zu freuen! Die Erde hat sich positioniert und ist wieder in ihrer Heimat angekommen, liegt wieder wohlbehütet im Schoße der Plejaden. Alles andere wird das Photonenfeld der beiden Sonnen erledigen! Deshalb, mache dir doch keine Sorgen! Alles läuft nach Plan! Und ziehen wir nochmals das Beispiel der "Drei Affen" heran, so gibt es auch hier eine Parallele: "Der Hundertste Affe" ist doch bereits erreicht worden! Von jetzt an wird es zum Selbstläufer, das Morphogenetische Feld ist gespeist und neu codiert! Freuen wir uns darüber, denn das haben alle Lichtbringer gemeinsam, ob bewusst oder unbewusst, geschafft! Das war unser eigentlicher Auftrag!

Wir waren nie die Attraktion, dass war die Erde, die wundervolle "Perle" und der Aufstieg Gaia´s war immer der Fokus! Es ist ein wundervolles Ereignis und so viele Zuschauer haben sich im Orbit versammelt, derzeit (nach letzter Zählung im Mai) 890 (!) Sternennationen! Alle kamen sie mit ihren Mutterschiffen um dem großen Ereignis zuzusehen. Wir hier, ob Abgesandte oder nicht, sollten dies mit Demut betrachten und uns mit Kinderaugen daran erfreuen!
Übrigens, das Foto mit den Wolken und der III gefällt mir ausnehmend gut! Eventuell lässt sich das einrichten, dass dein Wunsch erfüllt wird. Ich könnte ja meine Familie bitten einen Formationsflug so zu gestalten, dass du deine III am Himmel erblicken kannst. Wäre doch eine gute Gelegenheit im November, wo sie ohnehin in Feierlaune sind und Gizeh wäre doch kein schlechter Ort!

Und es folgten noch weitere Mails die ich dir nicht vorenthalten möchte, da sie bereits sehr viele Informationen enthalten. Auch wenn sie nur unsere Erinnerungen widerspiegeln und subjektiv sind, so sind wir doch Zeitzeugen und das ist immer noch authentischer als es jede Mythologie sein kann oder Erkenntnisse irgendwelcher Ägyptologen / Historiker und Wissenschaftler.
 Thutmosis:
 Hallo liebe Hatschepsut,

hab dank für Deine wohltuenden Worte, es ist wunderschön, Dich zu lesen. Das könnte ich gern noch Stunden tun...

Meine Aufgabe ist leider noch nicht ganz beendet, obschon alles in trockenen Tüchern ist. wie man hier sagt, ist es noch ein kleiner Weg, der zu bestreiten ist. Den Blumenstrauß habe ich gebunden, nun wird es Zeit, diesen auch den Menschenkindern zu zeigen. Das liegt aber nicht an mir allein, dass es eben noch nicht so ist. Mir fehlt noch der eine, der das tut! Oder soll und muss ich dies allein tun? Ich weiß es nicht ... sicherlich werden die nächsten Tage sehr aufschlussreich ... denn dann werden ich es erfahren. Mir fehlt der letzte Schlüssel...

Noch etwas: Ich suche Seschat, weißt Du wo Sie ist... ? Du weißt wie sehr wir uns lieben ... und schon sehr lang warte ich Sie zu sehen. Mein drittes Auge kann Sie nirgends orten ... weißt Du mehr?

Eines möchte ich/wir den Erdenkindern noch schenken, bevor wir dann im November loslegen...

Ich schenke Ihnen das Verständnis des ewigen Lebens, ich denke das bin ich Ihnen schuldig ... dann werden Sie auch keine Kriege mehr führen unter Ihres Gleichen.

Dennoch gibt es einen Mann der uns daran hindern möchte, all dies durchzuführen ... sein Name SETH. Ich habe Ihn mittlerweile ausgemacht und weiß wer es ist. Wir sollten das im Auge haben, denn Er ist CHAOS und Zerstörung, man könnte Ihn auch Anti Christ nennen.

Ich habe Ihn neutralisiert, doch für wie lange, vermag ich nicht zu sagen. Ich meine ja nur ... nicht das ich Angst hätte ... es ist nur meine Erfahrung, die mich/uns schützen soll.

Die Anekdote mit den drei Affen gefällt mir. Danke ...

Zum Schluss: Ist Dir der Plan mit dem planetarischen Prinzen bekannt?
Es wird eine Übergangsphase geben, so sagte man mir, in dieser Zeit wird ein planetarischer Prinz (so wird er immer genannt) die Menschen vom Chaos in die neue Zeit - hinüber geleiten. Weißt Du wer das sein wird? Ich meine Er hat es sich wirklich "verdient", aber ich weiß nicht ob die wissen, das Er derzeit gar keine Lust darauf hat!

Nimm bitte zum Herzen was ER Dir jetzt sagt: "Ohne Seschat, wird er das nicht machen wollen. Er braucht Liebe, nur Liebe, sonst nichts! Das liegt daran, das Er so viel zu tun hatte, und sich damit in der letzten Periode, wenig beschäftigen konnte. Du weißt wie ich das meine...

Last but not least: Eine Geschichte für Dich (Hatschepsut war zu dieser Zeit bereits verstorben oder mit Senenmut zu den Sternen aufgestiegen) und für die Menschen der Gegenwart.

Im Namen Gottes (Allahs), des All Barmherzigen (Du bist der Prophet)
Sie wundern sich, das ein Redner (Prediger) aus Ihrer Mitte kommt, und die Ungläubigen sagen:" Es ist doch eine wunderliche Sache, dass, wenn wir gestorben und

zu Staub geworden sind … (wir wieder auferstehen sollen) ! Wahrlich diese Rückkehr (return) ist noch weit entfernt!"

Wohl aber wissen wir es, wie viele von Ihnen die Erde bereits verlassen haben, und wieder zurückgekommen sind! Ihr habt doch ein Buch, was darüber berichtet! Koran und Bibel!

Wer bin ich, zu behaupten ich würde wissen, wie das gemeint ist? Wer bin ich, zu behaupten Thutmosis III. gewesen zu sein? Thutmosis III. ist nicht irgendein Pharao – er ist sicherlich unter anderem mit Thut-Ench-Amun und Ramses, der bekannteste Herrscher im alten Ägypten gewesen. Das liegt nicht nur an dem Umstand, das Er, der Pharao des Exodus war. Der Auszug der Juden aus Ägypten.

Moses war mein „Bruder". Thutmosis - Mosis! Die Geschichte ist uns aus der Bibel und dem Koran bekannt!

Böser Pharao – guter Prophet !

Ich werde die Geschichte, anhalten, das Sie erneut geschrieben werden kann.
Bin ich ein Prophet, wie damals Moses? Ich glaube, das das Volk, diese Frage selbst beantworten soll!

Moses, wer – oder was ist ihm auf dem Berg Horeb begegnet?
Die Bibel schreibt, es wäre Gott gewesen – JAHWE, der All-einige Gott! Dieser Gott, spricht mit meinem Bruder durch einen brennenden Busch. Nach vierzig Tagen und Nächten auf dem Berg, kommt Moses wieder zurück, nach Theben (seinerzeit Hauptstadt

Ägyptens). Er hat sich sehr verändert, ja ich sage Euch – viele, so auch ich habe Ihn nicht erkannt.

Er trug einen langen weißen Bart. Auch sein Haupthaar, war weiß, lang und grau geworden. Insgesamt machte Moses den Anschein, das er viele Jahrzehnte älter geworden ist. Die Frage bleibt bis heute: Wie kann ein Mann im Alter von 33 Jahren plötzlich rund 20 Jahre altern?

Ein Versuch dies zu erklären, ist mir bis zum heutigen Tage, nicht untergekommen, daher werde ich mich anschicken, dies bei Zeiten nachzuholen.

Damit der geneigte Leser den Gesamtkontext verstehen möge, mache ich darauf aufmerksam, das in vielen Religionen und auch im damaligem Ägyptischen Glauben, die Ansicht vertreten wurde, das die menschliche Seele, reinkarniert !

Reinkarnation ist das Schlüsselwort, zum Verständnis meiner Ausführungen. Nehmen Sie bitte einmal rein hypothetisch an, der Glaube an die Wiederkehr, der menschlichen Seele, in einem neuen zukünftigem Leben ist real. Dann ist es nicht schwer, zu verstehen, das sich mehr und mehr Menschen, an ein „früheres Leben" erinnern. Zu diesem Thema gibt es viele Beiträge, Filme und Bücher. Dabei wäre es einfacher, dem Vatikan, die Schuld für das Unwissen der breiten Masse, in die Schuhe zu schieben…

Lieber Herr Benedikt, liebe Kardinäle, ist es denn so schwer die Lüge, die Eure FIRMA, in die Welt setzte, zu widerrufen? Waren es nicht Eure Angestellten, war es nicht Eure FIRMA, die im ersten und zweiten Jahrhundert nach Christus, die Reinkarnationlehre –

komplett – aus der Bibel, verbannt haben: Wart Ihr es nicht, die den Tod, für immer behalten wolltet, in dem Ihr die Wahrheit verbranntet. Als alter Pharao, weiß ich mehr über den Tod und die Wiedergeburt, als Ihr Euch heute denken könnt!

Denken wir nur an Ostern und die Wiederauferstehung! Wiederauferstehen??? Das ist doch Reinkarnation oder etwa nicht?

Als mein lieber und guter Bruder Moses, „UNSER" Land, in Schutt und Asche gelegt hatte mit all seinen göttlichen Plagen, blieb mir als Pharao nichts weiter übrig, als einzusehen, das etwas unglaubliches – geschehen war! Es gab keine andere Möglichkeit, als Theben zu verlassen, vielleicht irgendwo neu anzufangen. Mit dem regieren war zumindest erst einmal Schluss. Es gab nichts mehr zu regieren. Mensch, Tier und Pflanzen waren durch die Plagen entweder Tod oder soweit in Mitleidenschaft geraten, das selbst „Gott" nicht schlecht staunte, als ER sein Werk begutachtete. Der liebe Moses zog nun, nachdem er MIR auch meine Tochter und meinen Sohn durch einen Blitzstrahl, tötete, geradewegs nach dem Sinai, wo Er dann 40 Jahre – mit seinem Volk – durch die Wüste zog. Aber wie konnte er die große Anzahl von hungrigen Mäulern, satt bekommen, wo doch in der Wüste nichts vernünftiges zum Essen, wächst? Manna-Maschine !!! Hab Dank!
Moses erzählte mir viel über sein Erlebnis auf dem Berg Horeb, aber sicherlich nicht alles, dafür reichte die Zeit damals nicht aus. Grund: Er hatte den Befehl von „Gott" erhalten, seine Kinder in das gelobte Land zu führen. (Ich bezweifle auch heute – das Israel ein

„gelobtes Land" ist!) Wisst Ihr warum auch heute noch der Begriff „geht über den Jordan" in unserem Sprachgebrauch vorhanden ist, und was Moses wirklich damit sagen wollte? „Geht über den Jordan", das heißt auf gut deutsch: Stirb, der Rest ist mir egal!

Nach 40 Jahren, die er in der Wüste Sinai im Kreis gelaufen war, in der Hoffnung, sein Volk würde geläutert, hatte Moses anscheinend keine Lust mehr, seinem Volk noch weiter, zu Verfügung zu stehen! Nach dieser Aussage, fragten Ihn seine Leute, so auch Aaron: „Herr warum kommst Du nicht mit uns?" Eine Antwort von Moses auf diese Frage, ist mir nicht bekannt! Bekannt ist jedoch, das Moses von diesem Augenblick an, nicht mehr unter seinem Volk war.

Er zog es vor einen anderen Weg zu gehen. Angeblich ist er dann auf nimmer wiedersehen in den Himmel empor gefahren! Blödsinn sage ich! Er kehrte noch einmal nach Ägypten heim!

Nach 40 Jahren besuchte er seine alte Heimat wieder.

Ortswechsel:

Nachdem die Plagen Gottes „unser" Land verwüstet haben, zog ich mit einer kleinen Schar, loyaler Diener in Richtung Süden. Was blieb mir anderes übrig, ich war nun von allen meinen „alten" Göttern verlassen, …und zog Richtung Nubien, weit hinter den 34. Nil-Katarakt! Dort baute ich mit den übrigen meiner Freunde noch im Alter von 83 Jahren einige Tempel und eine kleine Anzahl von Kleinstpyramiden. Sie können sich diese heute ansehen, dazu müssen Sie nur in den Sudan reisen und nach Meroe` der alten Kuschiten Hauptstadt reisen!

In meinem letzten Lebensjahr ich war 84 Jahre alt, erreichte mich die Nachricht, das ein Mann Namens Moses in der Stadt eingetroffen war, und nach meinem Namen fragte! Wenige Stunden später traf ich meinen „geliebten Halbbruder" wieder. Er sah aus wie früher, nur älter. Als wir uns nach so vielen Jahren sahen, umarmten wir uns, wie in alten Tagen. Ich fasse es heute immer noch nicht, denn der Mann hatte meine beiden Kinder auf dem Gewissen. Wie konnte ich Ihn umarmen? Er sagte nur drei Worte: Bitte verzeih mir!

Bevor ich das tat, wollte ich natürlich die ganze Geschichte erfahren. Was ist in der Zwischenzeit geschehen, was hatte er erlebt? Wir verbrachten eine gute Woche im Waadi, und er erzählte mir Alles was ich damals wissen wollte. Nachdem ich die Wahrheit kannte, war ich nicht mehr böse auf Moses, nein im Gegenteil, heute kann ich Ihn besser verstehen, als ein jeder andere Mensch auf diesem Erdenball. Es sei hiermit ein für alle mal klargestellt, das ich Moses für alles was er tat, ausnahmslos verziehen habe! Ich hoffe das ist eine klare Ansage! Ich vergab Ihm! Wie Gott mir!

Mit meinen beiden Kindern Sit-Amun und Sat-Amun hatte es etwas auf sich, was ich erst heute verstehen darf. Es hätte, mit meinem Sohn Sat-Amun, damals war er sechs Jahre alt – ein schlimmes Ende genommen … er wäre zu einem Tyrannen geworden - aber dazu später.

Moses hatte eine Truhe mit geheimnisvollem Inhalt in meinen Tempel schaffen lassen, wo wir Sie tags darauf gemeinsam öffneten. Ich rief: „ Die Lade", die Lade … Bruder ich hätte es mir denken können, aber ich war so voller Zorn, das ich Sie völlig vergessen hatte!

„Thutmosis, Du warst immer ein guter Bruder zu mir," - sagte Moses, - „und hast durch meine Tat, Dein/ „unserer" ganzes Königreich verloren, ich tötete mit einem Blitzstrahl Deine beiden Kinder, Deine Frau ist bis heute nicht mehr aufgetaucht, wie ich hörte - Du bist ein alter und gebrochener Mann geworden Bruder, und all das nur - aus Eifersucht!"

„Eifersucht?"

„Ja, ich wusste nicht was ich tat, es war als ob ich von einer Macht gesteuert wurde, ich konnte dem nichts entgegensetzten. Nofru-Re* hat mich verzaubert, Sie und Ihr Vater haben mich verflucht oder verhext, Ich weiß es heute, darum brachte ich Dir Dein Eigentum wieder, welches mir Nofru-Re* damals vor 43 Jahren, als Instrument an die Hand gab, um Dich zu „unterwerfen". (Nofru-Re war die erste Gemahlin von Thutmosis III. Sie war Tochter des Baumeisters Senenmut – der der die berühmte Tempelanlage der Königin Hatschepsut im Tal der Könige erbaute – und die Obelisken).

„Nofru-Re* gab Dir die Lade?"

* (Anmrkung: Nofru – Re = Nefuru Re. Sowohl Frank als auch gehen davon aus, da Nefuru Re in der Kindheit, Jugend und im jungen Erwachsensein völlig unauffällig und liebevoll war, dass zu einem späteren Zeitpunkt, da sich ihr Gemüt von einen Tag auf den anderen komplett veränderte, eine Walk- In Seele, eine zweite Seele sich ihr bemächtigt hatte. Später fanden wir heraus, dass diese Seele V. die heutige Ehefrau von Frank war. Wie sich später erwies, war diese V. in

ähnlicher Weise intrigant, log dass sich die Balken bogen und wurde Frank, (so wie damals am Hof des Thutmosis), gegenüber gewalttätig. Solche Seelen bezeichnet man als „Floater" (Anhängsel) und diese können auf die innewohnende Seele einen maßgeblichen Einfluss ausüben. Heute würde man das pathologisch als Schizophrenie bezeichnen.)

„Ja , das tat Sie, ohne das Du es jemals mitbekommen hättest Bruder, und sie wusste mehr über den Inhalt als jeder andere, den ich darüber früher auszufragen, versuchte. Sie war in die Dinge eingeweiht! Sie sagte, mir später das Sie dieses Wissen von Ihrem Vater erhielt.

Sie konnte den Inhalt der Lade verstehen, ja mit Ihm kommunizieren, das Alles wurde mir jedoch erst in den vierzig Jahren, während meines Marsches durch die Wüste Sinai, offenbart! Erst unter dem sternenklarem Himmel der Wüste, ist mir nach und nach ein Licht aufgegangen. Thutmosis der Inhalt der Kiste ist nicht von dieser Welt."

„Nicht von dieser Welt, das war doch klar, denn ich kenne die Geschichte des Wesens, welche den Inhalt darstellt. Ich habe es geschafft oder Es hat es geschafft, aber es hat sehr lange gebraucht, bis es dazu kam, Es hat mit mir geredet! Es hat mich als sein Freund angenommen, es hat sonst nirgendwo in unserer Milchstraße einen Freund Ich habe mich im Laufe der Zeit nachdem Hatschepsut mit meinem Baumeister Senenmut zu den Sternen reisten, Amun allein weiß wo Sie beide waren, mit dem ES ausgetauscht, was meinst DU wohl warum – ich 19.Feldzüge siegreich für uns beenden konnte, lieber Bruder?"

Moses sprach: „Wir wunderten uns schon warum Du während Deiner Eroberungszüge und bei den Schlachten mit den Lybiern, so wenig Tote und Verletzte zu beklagen hattest! Selbst in den Nilschänken, wie z.B. im „alten Krokodil", die Hauptstraße runter am Landungskai, weißt Du noch, da erzählte man sich allerhand von Dir? Viele von den feinen Damen in Wasjet / Theben, haben mit Dir und hunderten anderen ja die „Gefährte" am Mittagshimmel, mit Ihren eigenen Augen gesehen. Die Leute im Gasthof meinten sogar, Du hättest Kontakt zu den Wesen in den Feuerkugeln. Heute weiß ich warum! Du ließest die Lade, vor Deinem Heer tragen. Heute ist mir dies alles kein Rätsel mehr! Ich habe mich höchst wahrscheinlich, durch mein Unwissen, selbst stark verletzt - an Geist, Körper und Seele!

Kannst Du Dich noch an meinen langen Bart und die weißen Haare erinnern, fragte er mich?

„Ja", sagte ich, „es kam uns allen sehr unheimlich vor, Du sahst aus, als ob Du 20-30 Jahre gealtert bist."

„Ja, so fühlte ich mich auch, wie ein alter Mann, meine Knochen brennen den ganzen Tag, beim Luftholen habe ich starke Schmerzen, ich habe einfach keine Lebenskraft mehr – Bruder. Die Lade ich hatte Sie nicht hinreichend „bedienen" können, und Nofru-Re hat mich verhext. Sie instruierte die Lade dazu, mir nur dann dienlich zu sein, wenn ich Dein Reich und alles was Du für uns geschaffen hattest, zerstöre. Und mit zerstören, meinte Sie, das „alles" was Dich am Leben erhält - getötet werden müsse. Land, Wasser, Nil, Vieh, Luft, und zum Schluss Deine Kinder, es war Ihr innigster Wunsch. Zu dieser Zeit wusste ich aber nichts davon. Wer mit mir auf dem Berg gesprochen hat, der war Allwissend, Er verfügte über eine Macht die unglaublich war. Ich musste mich Ihr beugen – ich hatte keinerlei Wahl – Thutmosis!

Sie machte mich zu Ihrem willenlosen Werkzeug. Wenn ich nicht Pharao hätte sein können, sollte Dein Land, dem Erdboden gleichgemacht werden, mit Mann und Maus!"

„Aber Vater wollte Dich zum Pharao machen, zu meinem Stellvertreter, wir beide gemeinsam, das hat er dir doch immer wieder gesagt, bevor diese Seele eines Frauenheldes, Amun sei ihm gnädig, zu den Sternen aufstieg. Sie konnte mir keine Kinder schenken, das weißt Du doch? Die ewige Fragerei der Amun-Re Priester nach einem männlichen Erstgeborenen, um die Thronfolge zu sichern, das habe ich jahrelang ohne Murren ertragen, Sie konnte einfach keine Kinder gebären, unmöglich, ich weiß auch warum. Habe ich aber erst nach 3500 Jahren erfahren dürfen. Also genau waren es jetzt 6-7 Jahre die es her ist, aber das erzähl ich Dir ein anderes Mal...

Du sprachst vom Inhalt der Lade, von der Energie, der Macht, die dem Wesen Innewohnte, Du hast Sie zu oft ungeschützt geöffnet Moses?!"

„Ja viel zu viele Male! Ich konnte das Ding eben nicht richtig händeln ! Es ist Deine Lade Thutmosis und nur deshalb, bin ich Dich suchen gegangen, und nun bin ich hier mit Dir in Meroe` dem Land unserer einstigen Feinde.
Ich habe Sie Dir zurückgebracht, weil ich nun alles verstanden habe. Thutmosis mein liebster Bruder, Du

nahmst mich auf in Deinem Haus, schenktest mir Deine erste Frau zur Ersatzmutter und glaube mir ich habe Sie geliebt, wie eine Mutter und Gefährtin, und auch Du weißt bestimmt genau, aus welchem Grund!"

„Nofru-Re, Sie kommt auch nicht von dieser Welt, Sie kommt von einer anderen. Sie ist die einzige Tochter des Genies und Baumeisters Senenmut! Ich habe mir sein Grab angesehen, der Mann ist etwas ganz besonders. Soviel Wissen, kann sich niemand – auch nicht in vielen Leben, angeeignet haben, aber mit mir hatte er immer seine „Problemchen", einerseits war er unserer Familie und meiner Ziehmutter Hatschepsut verpflichtet, andererseits war ich der einzige Mensch auf Erden, der wusste mit wem er die Tochter Nofru-Re, also meiner ersten Liebe und Gottesgemahlin, gezeugt hatte, wer Ihre Mutter war.
Hatschepsut hat er wirklich geliebt, keine Frage, aber Nofru-Re ist nicht von den beiden!"

„Es gab eine andere?"

„Nein Moses! Sie wurde im Geiste von Ihrem Vater gezeugt mit der geistigen Befruchtung – gemeinsam mit einer anderen weiblichen Entität! Sie kam von den Sternen und besuchte Meister Senenmut, denn Sie kannten sich bereits seit vielen Leben. Ja Senenmut ist ein Wiederkehrer! Er ist unsterblich, weiß der Teufel wie er das geschafft hat, durch die Jahrhunderte zu wandern. Er war mal der berühmte Baumeister Imhotep! Der Mann kann kommen und gehen, wann immer Ihm danach beliebt!"

„Hat Er es Dir erzählt", fragte Moses?

„Nein hat er nicht, bis heute nicht! Aber ich bin Ihm

immer wieder begegnet, bis auf dem heutigen Tag!"

Unterhaltung zwischen zwei Brüdern:

„Bruder Moses, bitte sag mir ob Du meine geliebte Frau Merit-Re, gesehen hast? Ich liebe Sie so sehr, und ich weiß nicht wo Sie seit jenem verhängnisvollem Tag, geblieben ist!"

„Thutmosis oh Bruder, was habe ich Dir angetan! Nein", sagte er „ich habe Sie seitdem nie wieder gesehen! Vielleicht hat Sie sich das Leben genommen, ich sah Sie das letzte Mal im Tempel zu Amun beten, Sie hat mich gesehen - mich aber nicht eines Blickes gewürdigt! Sie wird mich hassen, weil ich Euch Eure Kinder nahm! Oh Herr, was habe ich getan! Ich habe Deine Kinder getötet!"

Moses weinte!

„Alles was geschah ist nun vergangen, eines Tages werden wir wissen warum!" Moses antwortete: „ Ich hoffe das wir eines fernen Tages – verstehen können, was damals geschehen musste."

Und es folgten noch weitere Mails die ich dir nicht vorenthalten möchte, da sie bereits sehr viele Informationen enthalten. Auch wenn sie nur unsere Erinnerungen widerspiegeln und subjektiv sind, so sind wir doch Zeitzeugen und das ist immer noch authentischer als es jede Mythologie sein kann oder Erkenntnisse irgendwelcher Ägyptologen / Historiker und Wissenschaftler.

Thutmosis:

Es ist schon sehr lange her, und dennoch wühlt es in meinem Herzen auch heute noch alles auf. Vielleicht weißt Du die Lücken und Fragen zu schließen liebe Hatschepsut. Dein geliebter Baumeister lebt auch wieder unter uns, in Deutschland ... ich habe Ihn vor ein paar Jahren treffen dürfen, nachdem ich drei Jahre gebraucht habe, Ihn ausfindig zu machen. Als wir uns dann "im Hier" wiedersehen durften, waren seine ersten Worte: "Hallo Thutmosis - so hartnäckig und duldsam wie Du bist, gibt es keinen anderen, komm und umarme mich, dann lass uns gemeinsam ein Schmalzbrötchen essen, komm setzt Dich zu mir, Du unsterblicher Sohn!"

Ich liebe Senenmut mehr wie meinen eigenen Vater (menschlichen Vater), ohne seine Hilfe und Führung hätte ich das in diesem Leben - niemals - alles zusammenbekommen. Für mich ist er das "beste, schönste, ehrlichste, weiseste Lebewesen, was ich kenne!" Weißt Du wer Er wirklich ist? Weißt Du es?

Ich weiß es - man hat das lang gedauert...

Ich würde Dich jetzt auch mal gern in den Arm nehmen, und einfach mal drei Minuten schweigen - Christine - ist das alles wahr!!?

In ewiger Liebe Gruß Thutmosis III.

Hatschepsut:

Ich hatte mich mit dem Text auseinandergesetzt und bei folgenden Zeilen bin ich fast ohnmächtig geworden, weil mir das Blut versackt ist...

Amun-Ra,
der Herrin des Hauses
Ta-Nesch (Ta-Nech)

Ich habe darauf verzichtet es rational zu analysieren, da erfahrungsgemäß nichts sinnvolles rauskommt ... ich spüre eine Abwehrhaltung in mir, ähnlich wie damals in Tibet als mich der Priester mit der Tatsache konfrontierte, dass ich die "Schwarze Löwin bin". Das ist aber immer dann so bei mir, wenn ich (wie so oft) mit dem Thema "Verantwortlichkeit" konfrontiert werde!
Das liegt daran, dass ich fast immer Vorleben hatte die viel Verantwortung mit sich brachten.

Ich glaube, dass es irgendwo in Deir el-Bahari in einem der Tempel eine Stele oder irgendetwas in dieser Art gibt ... ist es gefunden worden? Das hat einst Senenmut hinterlegt ... soweit ich mich erinnere, weil er noch einmal auf meine Abstammung aus einem früheren Vorleben hinweisen wollte. Er suchte immer "Beweise" dafür, dass ich eine "Sterbliche" bin, einfach deshalb, weil er unsere intime Verbindung damit für sich legitimieren wollte, die zu dieser Zeit nicht legitimiert werden konnte. Da wir aber alle damals einer Teil - Amnesie unterworfen waren und offiziell unterschieden wurde zwischen "Göttern" (und deren Nachkommen) und dem "einfachen" Menschenvolk, lag darin die Tragik der Verbindung zwischen mir und Senenmut. Die Ironie der Geschichte ist, dass wir alle Menschenwesen schon immer "Götter" waren! Alle GLEICH!

Aber das Priesterpack die durch das "Old Empire" gesteuert wurde (jene die alle Seelen auf der Erde gefangen genommen hatten), schmiedete immer Ränkepläne und erschuf Rituale und Dogmen, um die Tatsache zu verschleiern, dass wir ALLE Seelen GLEICH - GÖTTLICH (weil unsere Abstammungen alle von anderen Planeten waren) und FREI sind!

Uns Göttern in Sonderstellung (Regenten) hat man ebenso in Gefangenschaft gehalten (auf der Erde) und ließ uns allenfalls (und bestenfalls) die "Freiheit" Gott auf Erden zu "spielen", eingezwängt in dogmatischen / mystischen Ritualen. Wir spielten das "Theaterstück" perfekt! Ein göttliches Wesen spielt eben gerne, es ist inspirativ und fördert die Seelenreife!

Bei manchen Göttern hat das aber nach dem Ableben nicht dauerhaft gewirkt, diese künstlich herbeigeführte Amnesie, ausgeführt in Form von Elektroschocks. Wir konnten uns zum Teil aus dem "Gefängnis" lösen, weil wir uns ERINNERTEN - damit konnte man uns keine Matrix mehr vormachen! Auch wenn wir zum Großteil noch biologische Körper bewohnen müssen, so sind wir dennoch in der Lage uns inzwischen auch weiterentwickelte Körper zu nehmen um uns dort als Walk - In zu verkörpern. Deshalb, weil wir uns gewahr sind, dass wir GEIST (ICH BIN) und damit Lichtkörper sind, können wir Astralreisen machen, uns dort hinbewegen wo und wie uns beliebt!

Senenmut wusste das ALLES, hatte aber bei mir in Ägypten eine liebe Mühe mit mir, mich davon zu überzeugen. Glücklicherweise erreichte er das Ziel mich in die "Erinnerung" zu bringen! Ich könnte darüber noch viel mehr schreiben...

Ich kann mich erinnern, dass ich auffallend oft die Stille und Einkehr im Tempel suchte, legte mich auf den wohltuenden kühlen Boden und fluchte wie ein Fellache, weil ich dieses erbarmungslose Spiel durchschaute ... aber ich war hilflos, denn was sollte ich tun? Die wahren Hintergründe kannte ich nicht, wusste aber, dass es so war.

Ich hatte immerzu mit mir gerungen etwas zu unternehmen, die Wahrheit zu offenbaren, allen Menschen, aber mir war auch bewusst, dass selbst wenn sie es glauben würden, das Volk völlig überfordert wäre und das Ergebnis eines Tollhauses daraus entstünde. Die Menschen brauchten ihre Matrix, brauchten uns als Vorbilder, nur so schien das System zu funktionieren. Ich habe es gehasst dass "Spiel" zu spielen und wollte mit dem Bau meiner Tempelanlage der Nachwelt eben das zum Ausdruck bringen. Senenmut hat das im Grunde angeregt! Er hat so viele versteckte "Botschaften" dort mit eingebaut in der Hoffnung, dass die Nachkommen das Richtig dechiffrieren können. Tatsache, bis heute, ist, dass selbst die neuzeitlichen Archäologen dazu nicht befähigt waren! Jemand der sich in der Matrix befindet erfasst das nämlich überhaupt nicht und interpretiert die Botschaften immer falsch!

Deshalb weiß ich auch, dass das Priesterpack, die "Gefängniswärter", Sympathisanten des "Old Empire" alles erdenkliche, was meine Regentschaft untermauerte, vernichtete! Es ging niemals darum, dass man verheimlichen wollte, dass eine Frau Pharao war, nein, es ging darum der Nachwelt den Beweis zu nehmen, dass erstens "Götter" frei sind und JEDER ein Gott ist! Dasselbe Spiel zogen sie bei dir durch! Als sie merkten, dass du die Matrix durchschaut hattest, dies deutlich zum Ausdruck gebracht hast, kam Moses ins Spiel! Dieser wurde von einer der "Geheimagenten" des "Old Empire" in die Irre geführt und gab vor (DER) GOTT zu sein! Es ging von voneherein nur darum DICH auszuheben und das Volk gnadenlos zu vernichten, damit sie nicht Lunte rochen! Anschließend sammelte man alle Seelen in der Astralebene ein und behandelte sie mit Elektroschocks, erreichte wiederum die Amnesie. Deshalb rund 30 Jahre LEERE... wieder reinkarnierte Seelen mit Amnesie fangen bei Null an!

Ich habe im Hier und Jetzt einmal meine Mumie gesehen, habe in mein Antlitz gesehen und wunderte mich keineswegs, dass ich lächelte, denn als ich aus dem Körper austrat wusste ich folgendes:

Ich war diesem "Gefängnisaufenthalt" ab diesem Moment entkommen! Ich wurde von meiner Sternenfamilie abgeholt und weggebracht. Ich war aus dem Einfluss der künstlich geschaffenen "Amnesie Maschinen" (Elektroschockgeneratoren) befreit! Wahrlich ein Grund zur Freude!

Dato sind (fast) alle dieser versteckten "Folter Maschinen" im Orbit, darunter auf dem Mond, dem Mars und zwischen dem Asteroidengürtels des einstigen zerstörten Planeten gefunden und zerstört worden! Einmal abgesehen davon, dass noch Reste des

"Old Empire" Geschwaders "zum Teufel" geschickt wurden!

Allerdings sind die auf der Erde befindlichen Treuen des Old Empires, welche nicht mehr sind als die ausrangierten Kriminellen des Old Empire und sich als "Gefängniswärter" auf der Erde aufspielen.

Das traurige ist, sie glauben noch immer fest an die ihnen auferlegte Matrix und an das Old Empire - sind aber, ebenfalls durch diese künstliche Amnesie gegangen! Wie man sieht, braucht man ihnen nur Machtbefugnisse, Geld und bestialische, perverse "Spiele" vorsetzen und sie verkaufen ihre Seele (ICH BIN) dafür! Um noch einmal auf die Botschaft zurück zu kommen...

Amun-Ra,
der Herrin des Hauses Ta-Nesch (Ta-Nech) ... meine nebulöse Erinnerung (Vision von 2006 - in meinem 1. Buch beschrieben: "Die Göttin - eine magische Reise durch das Leben")

...Urplötzlich ereilt mich ein Gedanke. Wie ein heller Geistesblitz leuchtet er in meinem Inneren auf und ich verlasse geschwind das braune Wasser und die ältere Dame. Ich eile zu all den Toten, es sind viele zurzeit, denn eine sehr rätselhafte Krankheit hat sie allesamt ausgezehrt. Sachmet, die ungnädige Göttin hatte wohl ihre Hand im Spiel. Hatten nicht alle das Glückszeichen „Anch" als Amulett getragen, sollte es nicht das Symbol für das ewige Leben sein? Was hatte es genutzt? Und doch versteht sie plötzlich wie das wohl gewirkt hatte, denn man kann die Körper nicht ewig retten, aber die Seele schon. Ich gehe nun zum Tempel und stehe jetzt vor dem großen Bildnis, welches einen Schakal zeigt, hier in aller Munde auch „Anubis" genannt.

„Anubis, Ich, Bin–*Anat*, bin heute schon zweimal „Ba", der unsterblichen Menschenseele, begegnet und wenn sie mir nicht als Vogel mit Menschenkopf ansichtig wurde, so weiß ich doch, dass sie zu mir sprach! Ich habe eine Eingebung. Ich soll die Toten einbalsamieren und so ihren Körper erhalten! Ich brauche deinen Zuspruch!"

„Ja, Frau, das war das „Ka" der Menschenwesen, die Körperschatten der Verstorbenen. Du sollst heute zum heiligen Gotteswiegler werden und damit zum Einbalsamierer. Vergiss jedoch das Ritual zur Mundöffnung nicht, denn sonst kann man die Mumie nicht wiederbeleben."

„Wo soll ich denn alle hinbringen lassen?"

„Lasse sie in das „Haus der Ewigkeit" bringen. Was ist denn dein Leittier kleine Frau?"

„Meines ist der Falke, der stets von Kindesbeinen an zu mir kommt und sich auf meine Hand setzt. Auch die Uto-Schlange ist mein Leittier, denn diese biss mich vor Jahren und trotzdem blieb ich gesund. Das Gift konnte mir nichts anhaben. Auch die Biene ist mein Leittier, denn solange ich denken kann habe ich ein Amulett mit ihr als Bild darauf."

„Was hast du mit Papyrus zu schaffen?"

„Nichts, mein Gott. Ich kann doch nicht schreiben."
„Heute musst du aber mit Papyrus etwas zu schaffen gehabt haben, ich sehe es in deinem Haar!"

„Oh! Ja, aber ich habe doch nur im Teich gebadet und dort schwammen diese Halme. Aber was hat das alles denn mit dem Einbalsamieren zu tun?"

„Viel, kleine Frau! Vielmehr als du glaubst! Du kommst aus Unterägypten, denn du nanntest mir alle Symbole aus Unterägypten. Da du nun alleine bist in dieser Welt, ohne deinen Mann, so lasse dir sagen: Gehe zum Tempel zu den Priestern. Sie werden dich dort einweihen in die Wissenschaft. Das ist dein Lebensziel, denn du hast dich heute sehr würdig erwiesen. Wende dich in Zukunft an „Thot", er ist für dich zukünftig zuständig. Er ist der Gott der Wissenschaft, der Magie und der Schreibkunst. Du wirst ihn schon erkennen, er ist als Ibis dargestellt. Gehe! Sehe es als Ehre an, denn du sollst zukünftig am Königshof wirken. Das sagt mir dein Leittier der Falke. Er, der Horus, hat es einst bestimmt für dich, dann wenn die Zeit reif ist. Er ist der Falkengott und Beschützer des Pharao. Gehe jetzt und lerne, erfülle deine Aufgabe, auch du sollst einmal den Pharao beschützen!"

Ich gehe zurück zu den Toten, nehme die Leiber an mich und balsamiere sie nun alle ein. Es dauert viele

Wochen, denn erst müssen sie in Salz vertrocknen und dann erst können sie ins „Haus der Ewigkeit". Dort vergesse ich auch die wichtige „Mundöffnung" nicht und nun liegen sie an einem ruhigen, kühlen und trockenen Ort unter der Erde. Aber ich konnte mein Versprechen halten, dass ich keine Erde auf sie schütten würde und sie nicht im Staube ersticken. Es erfüllt mein Herz und so gehe ich nun den langen Weg um mein Schicksal zu erfüllen und laufe den langen Weg zu den Priestern des Pharao. Rote Erde bedeckt meine Füße, es ist trocken und heiß und doch hält mich das nicht ab. Mein Haar ist eingehüllt in roter, staubiger Erde und sieht aus wie eine rote Krone. Da fällt mir ein, auch die rote Krone ist ein Symbol für Unterägypten und nun bin ich mir nun ganz sicher, wo ich bin und gehe dem guten Gefühl entgegen... und was ich alles für Abenteuer erlebe!

Ich war keine Tänzerin, aber ich wurde es zwangsläufig, weil ich den weiten Weg zum Pharao irgendwie bestreiten musste, meinen "Unterhalt" mir damit verdiente. Ich war immer schon sehr ehrgeizig meine Ziele für die ich "brenne" zu erreichen!

Und den verantwortungsvollen Posten an der Seite des Pharaos anzunehmen war etwas wofür ich "gebrannt" habe! Aus diesem Grund berührt mich heute dieses Musikvideo "OASIS" so sehr, weil es die Story ist die ich in Erinnerung habe.

Das wusste Senenmut, von meiner "Vergangenheit" (Vorleben)
und in intimen Stunden zu zweit zog er mich damit gerne auf, was mich aber ebenso erheiterte wie ihn. Nun, Senenmut hat mir wohl deshalb diese "intime" Botschaft gebracht, denn nur er und ich wissen WAS der Inhalt tatsächlich bedeutet! (Schlafzimmergespräche) …

Anschließende Nachricht von mir an Frank:

„In den Augen sich die Liebe widerspiegelt... diese Liebe ist übergreifend... begrenzt sich nicht auf dieses Leben.... in den Augen des anderen erkennt man sein wahres Sein... die Liebe miteinander, die ewiglich ist... Liebe IST... auch dann, wenn viele Jahrtausende vergangen sind... in den Augen des anderen siehst du die Liebe die uns einst verbunden hat... erfasst, sie ist Ewiglich...
ich bin bereit! Und du?"

Antwort von Frank: "bereit..."

Ich hatte zu diesem Zeitpunkt gehofft, dass er meine Worte richtig verstanden hatte und von selbst darauf gekommen war, dass ICH seine geliebte Seschet (Seschat) war... aber er konnte es zu diesem Zeitpunkt immer noch nicht glauben... zu sehr war er genarrt worden von den Menschen, zu sehr verletzt … sodass er seinem Glück welches so nah bei ihm stand nicht nicht trauen konnte.

Dein Ursprung Teil III

Nun möchte ich zum Dritten und letzten Teil kommen...

Als ich etwa 16 Jahre alt wurde hatte mein offizieller Vater *Thutmosis I* endgültig entschieden gehabt, dass ich vorerst zusammen mit ihm die Regentschaft übernehmen sollte. Wie es dazu kam hast du ja bereits durch den Brief den er geschrieben hatte und der durch *Senenmut* an mich weitergereicht wurde erfahren. Das war der Sendbrief den später hier die Mönche in Tibet als Kopie aufbewahrt hatten, der einst höchstpersönlich *Thutmosis I* an mich geschrieben hatte, damit ich mit rund 16 Jahren verstehen konnte wieso er entgegen der üblichen Regel seine Tochter zum „Horus Falken" einsetzte und der eigentlich legitimierte Sohn und „Horus im Nest" *Thutmosis III*, der (offizielle) Sohn von seinem Sohn *Thutmosis II*, erst einmal nicht zum Nachfolger, sprich Pharao ernannt würde. Das wurde zumindest vom Hohepriester auch so respektiert, denn *Thutmosis III* war zu diesem Zeitpunkt noch ein kleiner Junge von etwa 4/5 Jahren und noch nicht in der Lage die Regierungsgeschäfte zu übernehmen.

Darüber hinaus erwies sich *Thutmosis II*, mein

Gatte und Bruder, als völlig ungeeignet jemals Pharao zu sein. Das hatte verschiedene Gründe: Zum einen war er krank und schwächlich – er hatte eine Hautkrankheit, heute nennt man das Schuppenflechte. Da aber Hautkrankheiten nicht nur erblich bedingt waren und auf eine Unverträglichkeit bestimmter Lebensmittel zurückzuführen sind, sondern vielmehr auf ein krankes, neurotisches Gemüt schließen lassen, war eben dies der Grund für seine Labilität in allen Lebensbereichen. *Thutmosis II*, mein Bruder und Gatte wider Willen hatte nicht nur kein Interesse und Elan in der Priesterschule gezeigt, sondern ebenfalls wenig Interesse und Elan im Heer. Ein Pharao der diese Eigenschaften an sich hatte war ungeeignet Regierungsgeschäfte zu übernehmen. Zumal er sich auch lieber Nebenfrauen und Konkubinen zulegte, unter anderem damals Isis die ihm schließlich den Sohn *Thutmosis III* schenkte, aber mir die Schlafzimmertür zuschlug. Das störte mich nicht, denn auch ich hatte kein Interesse mit ihm intim zu werden, allerdings bestand ein Problem, nämlich ich stand als seine Hauptfrau unter dem Druck ihn einen Nachfolger zu schenken.

Inzwischen hatte ich *Senenmut* als Priesterschüler näher kennengelernt und festgestellt, dass er ein äußerst zielstrebiger und talentierter und sehr attraktiver junger Mann war. Wie konnte es anders kommen als dass wir uns ineinander verliebten?!

Bereits in den ersten wenigen Jahren hatte ich Kraft meiner Befugnisse *Senenmut* immer verantwortlichere Posten und Ehrentitel zugeschanzt und er wurde mein engster Vertrauter am Hof. So musste ich eine List anwenden. Da ein offizieller Nachfolger geboren werden musste und mein Gatte offiziell der Erzeuger sein musste, verbrachte ich eine Nacht in seinem Gemach. Das beobachteten die Hofangestellten und darauf kam es schließlich an, dass sie die logischen Rückschlüsse daraus zogen. In Wahrheit jedoch verblieb ich nur im Gemach meines Gatten um ihm bezüglich seiner Schuppenflechte Erleichterung zu verschaffen, war nur für wenige Minuten mit ihm intim, was er eher widerwillig über sich ergehen ließ. Ich war indessen bereits mit dir 4 Wochen schwanger und war somit sicher, dass du ganz sicher das leibliche Kind meines Geliebten *Senenmut* warst. Du warst das Produkt unserer Liebe und das zählte für mich. Meinem Gatten war es egal, er zweifelte später nicht an seiner leiblichen Vaterschaft, zumindest nicht offiziell, denn als du geboren wurdest warst du ohnehin unwichtig, weil du nur ein Mädchen warst und somit ohnehin kein Horus im Nest und legitimer Nachfolger. Er hat dich nach der Geburt nur einmal in einem offiziellen Rahmen angesehen, auf den Arm genommen und damit offiziell die Vaterschaft legitimiert. Mehr war von ihm nicht zu erwarten gewesen und das genügte mir auch!

Zur Erziehung hast du wie es üblich war in den ersten zwei Jahren eine Amme erhalten, diese war für dich da sollte ich durch Regierungsgeschäfte meinen Mutterpflichten nicht nachkommen können. Anschließend übertrug ich ganz offiziell *Senenmut* diese Erzieher Aufgabe. Das war ein äußerst ehrenvoller Posten am Hofe! Auf diese Weise konnte er seine Vaterrolle vollständig ausfüllen ohne das irgendwer am Hofe dahinter kam dass du nicht das leibliche Kind meines Gatten warst. Anhaltspunkte für eine heimliche Liebschaft zwischen mir und *Senenmut* gab es hingegen reichlich und sorgte am Hof für reichlich Tratsch, jedoch gab es nie stichhaltige Beweise.

Warum spielte *Senenmut* solch eine maßgebliche Rolle? Erstens waren wir ja beide Sternenmenschen – Plejadier – zweitens waren wir bereits zuvor als Paar gemeinsam erschienen, er als Anu und ich als *Ennias Cu* (die ominöse Ärztin von Altair) sowie als *Zeus* und *Elektra* (Tochter des *Atlas*). Wir kannten uns bereits bestens und hatten uns immer geliebt und zusammengetan. Auch anschließend in Albion / Avalon waren wir wieder zusammen um als *Merlin* und *Morgan Le Fay* unsere „Rolle" zu spielen und maßgeblich die Historie zu prägen. Wir waren immer eingesetzt gewesen Maßgebliches zu bewirken, was ja auch unsere gemeinsamen Projekte belegen. Ich war in meiner Rolle stets die *Maat* – das Gleichgewicht wieder herzustellen und er war immer der

Baumeister (auch einmal der berühmte Imhotep) und Künstler der stets Geheimbotschaften in den Tempelanlagen einbaute. Ihm und seinem Geschick hatte man es z.B zu verdanken, dass die Obelisken überhaupt entstanden, aus dem Fels geschlagen werden konnten ohne zu zerbersten. Er ist auch heute ein talentierter Bildhauer und Maler. Er war einst Michelangelo gewesen, jener der die Sixtinische Kapelle mit seinen Bildnissen ausstattete und zu heutiger Zeit auch wieder restaurierte!

Hier ist ein Youtube Video welches er mir zu Ehren drehen ließ, da kannst du sein einstiges Werk bewundern. Die „Göttin" mit den „Katzen" stellt mich symbolisch dar und der Inhalt des Musikclips ist auch bewusst gewählt!

http://www.youtube.com/watch?v=E_jWcIDqXq0

Wichtig erscheint mir das Video schon, denn dann kannst du sehen, dass ER als wohl einziger weiß, dass ich die *Katze Tefnut* bin und im Grunde DIE Göttin schlechthin bin. Er hat viele Frauen und Geliebte gehabt, in jedem seiner Leben, aber ich war immer die er wahrhaftig geliebt hat!

Bilder Senenmut:

https://www.google.de/search?q=senenmut+wikipedia&rlz=1C2KMZB_enDE543DE550&tbm=isch&tbo=u&source=univ&sa=X&ei=UO2yUt_vFoOTtAbjjoGwCA&ved=0CGkQsAQ&biw=1366&bih=642

Weitere Informationen:
http://sennefer.cwsurf.de/viewpage.php?page_id=30

In Ägypten hatte *Senenmut* aber dennoch eine Geliebte gehabt, eine Priesterin mit Namen *Hui* – diese hatte ich ihm zur Seite gestellt, aus ganz pragmatischen Gründen, nämlich ich wollte dass es ihm immer sehr gut geht, alle seine Bedürfnisse erfüllt wären, da ich das oft wegen der Regierungsgeschäfte oder der Reisen wie z. B nach Punt nicht immer gewährleisten konnte. Mit *Hui* der Priesterin hatte er eine weitere Tochter Namens *Merit Re Hatschepsut*. Diese erhielt meinen zweiten Namen weil ich sie offiziell als meine zweite Tochter annahm, da *Hui* kein Interesse an ihr hatte und ich *Senenmut* liebte und wollte, dass seine Tochter die beste Erziehung erhielt. Sie wurde rund zwei Jahre nach dir geboren und ihr beide seit zusammen als „Schwestern" aufgewachsen! Deshalb nehmen die Historiker heute auch an, dass *Merit Re Hatschepsut* ein weiteres leibliches Kind von mir und *Thutmosis II* war. Belege die das Gegenteil beweisen gibt es nicht. Aber auch keine Beweise für die Tatsache dass das meine leibliche Tochter war. Für dich ist nur wichtig dass du eine Halbschwester hattest und ihr ein sehr enges Verhältnis zueinander hattet,wenn ihr auch so verschieden wart.

Erinnerst du dich an Kristall Pyramiden … Stargates?

Wie der eine oder andere inzwischen weiß, habe ich noch zum Teil sehr detaillierte Erinnerungen meiner Vorleben und eine Begebenheit bezog sich auf die Kristall - Pyramiden.

Bevor ich einst die Tempelanlage mit Hilfe von Senenmut errichten ließ pilgerte ich sehr oft zu diesem erwählten Platz, weit draußen durch die Wüste, durch unwegsames, steiniges Gelände, denn ich liebte diesen Ort sehr. Ich liebte ihn deshalb weil er mich an einer meiner Vorleben und an meine Ur – Heimat, die Plejaden erinnerte, was alleine der der kristallenen Pyramide zu verdanken war, die einst exakt auf diesem Platz stand. Diese Pyramide, die in wunderschönen Farben schillerte war nämlich einst einer der zahlreichen „Stargates"!

Fühlst DU dich angesprochen?

Du kannst dir das in etwa so vorstellen, dass einst die Priester und Priesterinnen, wie in diesem Fall in Ägypten, der höheren Einweihungsgrade, nach jahrelangen Vorbereitungen in diese Pyramiden gingen und De-materialisiert wurden, in den Hyperraum vordrangen und oben auf ihren Heimatgestirnen (Plejaden, Sirius, Andromeda etc.) wieder materialisiert wurden um dort einige Zeit zu verbringen. Den Körpern geschah in der Regel nichts, da die Priester / Priesterinnen gut vorbereitet wurden. Es ist im Grunde so wie es z.B im „Raumschiff Enterprise" dargestellt wurde, man wurde buchstäblich hoch „gebeamt"! Aber es gab auch ein paar wenige Unfälle, nämlich dann, wenn diejenigen die nicht ausreichend vorbereitet wurden (psychisch / spirituell) und während des Vorgangs Angst / Panik bekamen. Dann hatten die „Wächter" (E.Ts) auf der anderen Seite des Stargates Schwierigkeiten wieder den Körper zu materialisieren und es kam (selten) vor, dass damit der Körper so zerstört war, dass die Seele darin wieder in den Reinkarnationsverlauf gehen musste um sich neu zu verkörpern. Aus ethischen Gründen wurden aber die Körper zurück geschickt damit man diese gemäß den ägyptischen Traditionen mumifizieren und beerdigen konnte. Nach dem damaligen Glauben der Ägypter war nur das Fortbestehen der Seele möglich, wenn eben dieses Ritual vollzogen wurde. Aber in den meisten Fällen ging das gut aus und die Priester / Priesterinnen lernten während ihres Aufenthalts auf diesen fremden Planeten sehr viel mehr als sie es auf der Erde vermochten.

Damals unterschied sich Geophysikalisch die Erde nicht so sehr von den anderen Planeten, sie hatte noch eine andere Dichte, die Frequenz war höher, selbst die Pflanzen, Tiere und somit die Menschen waren viel größer als heute. Auch war das spirituelle Wissen weitaus größer, was aber an dem regen Kontakt zu den Sternenvölkern lag.

Eines Tages als man beschloss die Menschheit in die „tiefsten Tiefen" des Daseins zu schicken um neue Erfahrungen zu machen, da nun andere Außerirdische die Macht an sich gerissen hatten, vernichtete man alle diese kristallene Pyramiden (Stargates) damit die Priester / Priesterinnen, also die „Eingeweihten" zukünftig nicht mehr Kontakt zu ihren Sternenfamilien pflegen konnten und somit vom „Wissen" abgeschnitten waren.

Aber auch in Atlantis gab es diese kristallene Pyramiden einst und sie waren auch dort Stargates. Nach dem Untergang von Atlantis war damals Thot nach Ägypten gewandert und ich war eine seiner Begleiter. Dort hat er denn mit Hilfe der alten Technik, dem Levitieren, die Sphinx und die die dort befindlichen Pyramiden in Gizeh gebaut. Zum einen um dort in einer energetisch geschützten Geheimkammer das „Alte Wissen" aus Atlantis für die Nachwelt zu verstecken und zum anderen um den zukünftigen Priestern / Priesterinnen wenigstens in Form der Astralreisen zu den Sternenfamilien zu ermöglichen. Das hat auch traditionell gut funktioniert und es wurden, wie zuvor in den kristallenen Pyramiden zahlreiche Priester und Priesterinnen zu „Eingeweihten"!
Ich hatte darüber unter „Lebensereignisse" (in meiner Chronik unter „Info") berichtet.

Du erinnerst dich nun wahrscheinlich an diese Kristall – Pyramiden, weil du einer der eingeweihten Priester / Priesterinnen warst! Ich habe in den letzten Wochen schon einige bei FB erlebt, die sich ganz plötzlich an diese Pyramiden erinnern und das ohne, dass sie vorher davon wussten.
Wo du nun „eingeweiht" wurdest, Sternenreisen gemacht hast, kann ich natürlich nicht sagen, denn es gab einige dieser Stargates auf der Erde!

Aber einen Link gebe ich dir um dir den Ort anzuschauen, wo einer der Stargates war, und zwar bevor die Tempelanlage gebaut wurde. Ich hatte sie deshalb dort bauen lassen, weil es ein heiliger Platz mit einer besonders schönen Schwingung war wegen der Zeit als zuvor dort noch das Stargate war.

http://www.nefershapiland.de/hatschepsut.htm

Bevor ich noch weitere Details bezüglich deiner Rolle als Nefuru Re niederschreibe möchte ich im nächsten Abschnitt dir die griechische Version deiner Herkunft etwas näher bringen. Dazu sollte man sich ein wenig mit dem Stammbaum vertraut gemacht haben und ein paar Hintergrundinformationen erhalten haben. Hierzu habe ich dir etwas hineinkopiert:

Herkunft der Menschen - Teil I. - GÖTTER

Uranos + Gaia / Titáia
----
^   ^   ^

   Hekatoncheiren   18 / 14 **Titanen**
   Kyklopen

                                      ^

Okeanos / Thethys
Koios / Phoibe
Hyoperion / Theia
Kreios / Eurybia
Iapetos / Asia
Kronos / Rhea
Themis / Mnemosyne
Titaía / Rhea

                                      ^

1. Titanenkrieg: Entmachtung des Uranos durch Sohn Kronos

                Nachkommen von Kronos und Rhea

                                  ^

Kronoiden: Hestia, Demeter, Hera, Pluton
Poseidon, Zeus

2. Titanenkrieg: Kronoiden unter Zeus´Führung

∧

entmachten Kronos und seine Geschwister

Wer waren nun die 18 (oder auch 14) Titanen oder Uraniden oder Götter? Bei *Diador*
(IIII 71) war es eine große Sippe der Atlanter aus dem ozeanischen Westen, also aus Atlantis. Es waren reine Götter, Nichtirdische, Nichthumane. Er schreibt: *„Uranos war erster König von Atlantis, Titáia seine Frau. Diese Sippe nannte sich nach der Mutter Titáia*
'Titanen'". Die ersten Herrscher sind also die berühmten Titanen! Wer genau dazugehörte, ist jedoch nicht ganz klar.

Einzelne Titanen gründeten nun ganze Geschlechter, Stammbäume, Rassen oder Herrscherhäuser, die seitdem die Geschichte unseres Planeten bestimmen. Diese Geschlechter stellen die Herrscher der einzelnen Völker*, ihre Sippen bildeten den sogenannten Hochadel.*
Durch die Fortsetzung der Stammbäume erhalten diese Nichthumanen nachhaltige Herrschaft über die Produkte und Sklaven, die Menschen. Deshalb betonen die Herrschergeschlechter auch stets ihre Generationslinien und Abstammung; es handelt sich um Blutlinien, deren Gengut rein gehalten werden soll, um immer mit den Urherrschern verbunden zu bleiben und um diese immer wieder zu reproduzieren. Auf der einen Seite haben sie große Angst davor, dass Menschengut einsickern könnte, auf der anderen Seite verkehrt diese Spezies ständig gewaltsam mit Menschen und schafft so *Halb- und Viertelgötter,* die ebenfalls Dynastien und Linien schaffen. (Etwa die heutigen Adligen und Herrscher dieses Planeten? - Falsche „Götter"?).

Vermutlich bestehen diese Linien nach wie vor und bilden die für uns unsichtbare Kaste der Weltherrscher, der Olympier, wie sie sich nennen, die über ihre Zombies, die Geheimgesellschaften und Regierungen eine Schattenweltmacht bilden. Es gibt aber verschiedene Stämme, und diese bekämpfen sich, wie die gesamte griechische Geschichte beweist, wobei es um die Macht über Menschen und Länder geht sowie um Liebesbeziehungen und künstlich ausgelöste Kriege.

Der Ursprung der bis heute andauernden Kriege liegt vermutlich in den beiden Ur- Auseinandersetzungen, der Entmachtung des Uranos und der folgenden Entmachtung des Kronos. Zwar halten alle Blutlinien in großen Fragen, insbesondere dann, wenn es gegen die Menschheit geht, grundsätzlich zusammen, sie sind aber über kleine Belange mannigfaltig zerstritten, was zu den zahlreichen Kriegen auf unseren Planeten führt, deren wahre Hintergründe wir Menschen nie erfahren werden, für die wir uns aber sinnlos opfern sollen. Die Marionetten bei diesen Kriegen sind die Menschen, als deren Schöpfer und Führer sie agieren, und deshalb sehen sie sich berechtigt, uns in ihren Kriegen zu opfern. Das verwirrende bei diesen Stammbäumen ist, dass die Titanengeschwister auch untereinander heiraten sowie, da sie anscheinend lange leben, mit ihren Kindern und Enkeln ebenfalls zeugen. Hier ein kurzer Überblick über einige Geschlechter der Weltherrscher.

Titanen
Okeanos / Thethys

∧

Titan Iapetos

∧ ∧

Prometeus Atlas*(1) + Pleione

∧ ∧

Deukalion Taygete + Zeus

∧

Elektra + Zeus

∧	∧ Hellen	∧ Lakadaimon
Dardanos		
∧	∧ Aiolos	∧
in Troia	**in Thessalien**	**in Sparta**
Dardaniden	Deukaloniden	Atlantiden*(2)
	Aioliden	Pleiaden*(3)

*(1) (Mathematiker und Astronom)
* (2) Atlantis / Atlas- Gebirge
*(3) Plejaden

Quelle: „Herrscht eine Echsenrasse über die Erde?
Autor: Holger Kalweit

Herkunft der Menschen - Teil II. - GÖTTER

In den *Alexandriner* Berichten von *Diodor (III; 54-60)* heißt es: „... Atlántioi ... die kulturell am höchsten stehenden Menschen jener Gegenden (im fernen Westen), die ein glückliches Land bewohnten und große Städte besaßen... in den Gegenden entlang der Küsten des Ozeans." Weiter heißt es von den Atlántioi, sie bewohnten „ein fruchtbares Land in der Nähe des Ozeans."
Der Vater des des *Atlas* war *Uranos,* nach seinem Tod wurde er als Gestirnsgott verehrt, es heißt, er „eroberte... namentlich die westlichen und nördlichen Länder." Später wurde das reich geteilt. „*Atlas* erhielt die Länder am Ozean; er nannte die Einwohner Atlántioi; dem höchsten Gebirge dort gab er den Namen Atlas." *Herodot (IV 184)* berichtet von den Atlantes und Antárantes (berberische Bezeichnung) im Umkreis des Atlasgebirges. Als Atlantes galten dort die Nasammones vin Siwa bis zur Syrte, so *Pausanius (I, 33)*. Es reichte das Reich von Atlantis also bis zum Atlasgebirge in Marokko und von dort bis Ägypten zur Oase Siwa. Dort lebten ursprünglich die weißen Atlanter, die sich dann aber über die Jahrtausende mit den eindringenden Asiaten und Afrikanern vermischten. Nach ihrem Erscheinen auf der Erde erschufen die Herrscher, die die Gentechnik beherrschten, neue Wesen, die ihnen dienen sollten, ein Sklavenheer, die sogenannte Menschheit. Ich betone: Jeder Menschenstamm, geboren von einer außerirdischen Urmutter und gezeugt von einem außerirdischen Urvater, gehört zum Besitz dieser Zeuger, ist ihnen damit auf Gedeih und Verderb ausgeliefert und muss für das

Herrscherpaar dieses Landstrichs arbeiten und Opfergaben erbringen (heute sagen wir Steuern dazu).

In der Tat war die Geschichte eine vollkommen andere, als uns Lehrbücher und Geschichtsprofessoren weismachen wollen. Der Kosmos ist ein von kosmischen Lebewesen durchwandertes Reich. Wir sind nicht allein! Und: Wir sind Besitz! Die Erde wurde unter den ersten Außerirdischen, auch Götter (von engl. God, good = die Guten) genannt, aufgeteilt, doch dabei gab es Streitigkeiten. Ein weiterer Anlass dauernden Streits war die Liebe, nämlich der Verkehr der Außerirdischen mit ihren genetisch erschaffenen Menschenkindern, wodurch der „göttliche Same" AN Kraft verlor und im Genpol der Menschheit untergehen drohte.

Der große Streit, der weltweit belegte Götterkrieg, endete mit einer größtenteils zerstörten Erde und der Vernichtung vieler Völker, nämlich jener, deren Gott den Kampf verlor. Die Götter selbst dagegen kamen nicht zu Schaden, man bekämpfte sich ja vorwiegend in Gestalt seiner menschlichen Armeen, ähnlich wie beim Schachspiel, das seit alters her auf diese versteckte Tatsache verweist. Dabei darf der König nicht getötet, höchstens Schachmatt gesetzt werden, weil Echsenherrscher niemals zu Schande kommen dürfen; schließlich handelt es sich um eine Familie.

Das Gengut des Streits und der Liebesmanie sitzt heute auch im Genom der Menschheit und setzt sich fort als „Liebe und Krieg", die Etablierung dieser Astronauten oder Nichthumanen auf der Erde, ihre ersten Zuchtversuche und das Wesen der ersten

Menschenstämme gehören zwar nicht hierher, denn dies alles lag weit vor der Zeit von Atlantis in der wahren Urheimat, (u.a) im arktischen Thule, zur zeit, als es dort noch warm war, dennoch verweise ich bei einzelnen Geschichten darauf (siehe dazu mein Buch „Sintflut).*
Anmerkung des Autors: Holger Kalweit

Weitere Hinweise auf die aufgestellte These, dass die Menschheit durch Außerirdische geschaffen wurden, lässt sich inzwischen durch Genanalysen modernster Laboratorien bestätigen! Weitere Hinweise finden zum Beispiel in dem Youtube Beitrag „Starchild" (8 teilig), indem im Vortrag ausführlich berichtet wird. Zu finden unter:

http://youtu.be/wwF5df6FgFE

Herkunft der Menschen - Teil III. - GÖTTER

Genetische Erschaffung des Menschen - Außerirdische Daimonen)

Laut Platon regierte unter den Menschen zunächst ein goldenes Geschlechter von Daimonen. Wohlgemerkt: Ein Daimon ist ein außerirdischer Gott, kein Gespenst! Und: Ein Daimon besitzt Echsengestalt!

Was ist ein Heros?

Sokrates beantwortet die Frage, was ein Heros ist: „Das ist doch gar nicht schwer zu verstehen. Dieser Name ist ja nur ganz wenig geändert und verrät seine Herkunft von „Eros"... Du weißt doch, dass die Heroen Halbgötter sind...

Sie sind ja durch die Liebe eines Gottes zu einem sterblichen Weib oder eines Sterblichen zu einer Göttin gezeugt worden... es wird dir dann klar, dass man vom Namen des Eros, dem die Heroen ihre Entstehung verdanken, nur wenig abgewichen ist, um den neuen Namen zu bilden. Das also will der Name von den Heroen sagen, oder dann, dass sie entweder weise waren oder gewandte Rhetoren und Dialektiker..."
(Platon, Kratylos 398c – 399a)

Deutung: Anfangs gab es nur Götter, später auch Menschen. Beide Gruppen verkehren sexuell miteinander, die folge waren Halbgötter, auch Heroen oder Helden oder modern gesprochen Hybride genannt. Der Name Heros oder Heroe leitet sich nach Platon von Eros ab – weil die Heroen mit Menschenfrauen erotischen Verkehr pflegten. Es muss sich demnach noch heute viel Gengut von Heroen in der Menschheit befinden, am ehesten im Hochadel, der ja seine Blutlinien zurückführt bis in die Vergangenheit, womit der hohe Adel der Nachfahre der Götter und Halbgötter ist. In der Tat wurden die Menschenstämme bis vor kurzem von Adelsgeschlechtern, die sich eben auf die ersten Halbgötter zurückführen, regiert, genaugenommen tun sie das verdeckt bis heute aus den Hinterzimmern der Macht aus.
Man bedenke – allein die englische Queen gehört nicht nur das britische Empire, auch die gesamte USA, Australien und Neuseeland! Diese Länder sind nicht unabhängig, das ist nur Täuschungsstrategie. Das englische Königshaus sind Sachsen. Die Sachsen, früher auch Sakar genannt, waren ein zentraler Stamm der Nordvölker, nämlich die berühmten Phönizier. Die Herrscherdynastie von Atlantis gründete bei der ersten Völkerwanderung das phönizische

Reich, nach dem Atlantisuntergang Griechenland, danach schufen sie ein weiteres Reich in Italien, Rom, und später setzten die Sachsen nach England über und gründeten das englische Empire mit ihrem Frontstaat USA. Derzeit lassen sie die USA untergehen, vielleicht weil ein neues Reich ansteht, aber wo...?

Die Heroen

Es gab „Unsterbliche" sprich Götter, und es gab solche, die, obwohl sie Großes, sprich Göttliches leisteten, nicht auf dem „Olymp" kamen und dem Sterben unterworfen waren. Waren letztere die hybriden Heroen?

Heroen sind also Mischwesen zwischen Göttern und Menschen, daher auch Halbgötter genannt; durch das überlegene Gengut der Götter besitzen sie gleichsam übernatürliche körperliche wie mental-energetische Fähigkeiten, weshalb sie in jenen Zeiten die Herrscher der Menschen stellten. Ihr Gengut schwächte sich jedoch durch die über Generationen hinweg stattfindenden Kontakte zu reinen Menschen ab, es sei denn, sie verstanden es, sich ausschließlich untereinander fortzupflanzen.
Dies versuchten sie auch, doch kam es, wie die griechische Göttergenealogie zeigt, zu Verwirrungen, denn irgendwann wusste man nicht mehr, wie rein die Blutlinie eines Halbgottes jetzt wirklich war. So kam es zu Betrug und Übertreibung, denn jeder wollte aus der Linie eines Halbgottes abstammen.
Schließlich berief sich jeder Tyrann, der sich auf den Thron schwang, darauf, aus der Linie eines Halbgottes oder gar Gottes zu stammen. Deshalb versuchen bis heute

Königshäuser und Adlige, sich nach Möglichkeit nur untereinander fortzupflanzen, um die letzten Gene der Götter und Halbgötter in ihren Reihen zu erhalten.
Fest steht, das Unternehmen glückte nicht, denn zu viele Nur-Menschen heirateten ein in die göttlichen Ränge. Es scheint jedoch, als hätten sich einige Götterdynastien genetisch rein gehalten, und sie sind es, die bis heute den Planeten in ihren Krallen halten.
Die Untergrundwissenschaft und Tradition spricht von dreizehn reptiloiden Blutlinien. Hinzu kommt: Die Götter waren den Nur-Menschen keineswegs an geistiger und seelischer Reife überlegen; ihre Machtkämpfe, Kriege und Ränkeschmiede lassen sie in keinem Fall als hehre Götter erscheinen, lediglich ihre Technologie war weiter fortgeschritten.

Herkunft der Menschen - Teil IV. - GÖTTER

Genetische Erschaffung des Menschen - Fortsetzung: Die Heoren

Und vor allem mit dieser Technologie sowie ihren angeborenen paranormal-magischen Fähigkeiten vermögen sie sich bis heute gegen die Menschen durchzusetzen. Sie besitzen ein ungeahntes Psi-Potential, etwas, das im Menschen nur noch rudimentär vorhanden ist, weil es genetisch unterdrückt ist. Die Götterklane dezimierten sich in ihren „Götterkriegen" gegenseitig, zumindest in den unteren Rängen, und schließlich blieben nur noch wenige der alten futuristischen Waffensysteme erhalten. Diese wurden dann – und darüber gibt es Überlieferungen – von einzelnen menschlichen Herrscherdynastien verwahrt und geheim gehalten und kamen nur noch vereinzelt zum Einsatz, schließlich aber funktionierten sie nicht mehr und degenerierten zu bloßen Kultobjekten.

Die Geheimgeschichte der Menschheit basiert nach wie vor darauf, diese Waffensysteme und fortgeschrittenen, aber versteckten Technologien wieder zu entdecken, um so anderen Nationen bzw. konkurrierenden Götterklanen überlegen zu sein. Aber all das findet hinter unserem Rücken statt. Man muss begreifen, dass sich Reptilien grundsätzlich auch gegenseitig bekämpfen, denn ihre psychische Hauptaktivität kreist um Macht, und Kampf ist ihr Lieblingssport. Einige Waffensysteme liegen noch versteckt und wohl auch einsetzbar in schwer zugänglichen unterirdischen Stätten, den alten Tunnelsystemen der Astronautengötter, längst vergessen oder nur noch bewacht von letzten Naturvölkern, die teilweise von diesem Geheimnis wissen. Wir finden dieses Phänomen bei vielen Stämmen, bei denen es geheime Linien gibt, die sich um die Bewachung der alten Anlagen zu kümmern haben. Dennoch – hinter der Fassade einer Normalwelt tobt im Untergrund nach wie vor die Suche nach den alten Waffensystemen der Götter: Geheimdienste, einzelne Sekten und selbsterkorene Heilige und Heilsucher suchen verbissen danach.

Anmerkung des Autors: In diesem Buch behandle ich zwei große Expeditionen dieser Art, die sich noch in der Antike abspielen: die Suche der Argonauten nach der Argo, einem Raumschiff, und der Jagd des Odysseus nach einem

Flugkörper in Atlantis. Die große Frage aber bleibt: Sind die Götter noch unter uns oder bereits längst abgereist? Erschreckenderweise deutet alles auf ersteres hin.

Übergabe der göttlichen Gengutanteile

Ich wiederhole nun Platons Aussagen zur Menschenschöpfung. Der Weltschöpfer sagt:
„... Wenn ich es aber wäre, der diese entstehen und am Leben teilhaben ließe, so würden sie den Göttern gleich. Damit sie nun sterblich sind und damit dieses All doch wirklich ein Ganzes ist, so macht euch denn eurer Natur gemäß daran, Lebewesen zu schaffen, und ahmt dabei mein Wirken nach, so wie sich dieses zeigte, als ich euch hervorbrachte. Und das an ihnen, dem es zukommt, denselben Namen zu tragen wie die Unsterblichen, was man als göttlich bezeichnet und was diejenigen unter ihnen leitet, die willens sind, allzeit dem Recht und euch zu folgen – für diesen Teil will ich die Aussaat und den Anfang vornehmen und sie dann euch übergeben. Im Übrigen aber sollt ihr, mit dem Unsterblichen das Sterbliche verwebend, die Lebewesen schaffen und erzeugen und ihnen Nahrung geben und sie dadurch heranwachsen lassen, und wenn sie einst dahinschwinden, sie wieder bei euch aufnehmen" (Platon, Timaios 41c).

Beimengung menschlicher Gengutanteile

„... Was aber nach dieser Aussaat noch zu tun übrig bleibt, das überließ er den jungen Göttern: die sterblichen Leiber zu formen und das übrige, was für eine menschliche Seele noch hinzukommen musste, das und alles andere, was damit zusammenhängt, zu vollenden und dann die

Herrschaft auszuüben und dieses menschlichen Wesen nach Kräften möglichst schön und gut zu lenken, dermaßen, dass es nicht selbst seine eigenen Übel verschulden würde" (Platon, Timaios 42c).

Genetischer Zusammenbau des Menschen

Dann heißt es: „... und nachdem sie die unsterbliche Grundlage eines sterblichen Lebewesens erhalten hatten, ahmten sie ihren Schöpfer nach und borgten sich vom Weltganzen Teile des Feuers, der Erde, des Wassers und der Luft aus, in der Absicht sie später wieder zurückzuerstatten, und fügten diese zusammen, nicht mit den unlöslichen Banden, durch die sie selbst zusammengehalten wurden, sondern indem sie sie mit vielen Stiften zusammenhefteten, die so klein waren, dass man sie nicht sehen konnte, und indem sie so jeden einzelnen Leib aus all diesen Teilen bildeten ..." (Platon, Timaios 43a).
(Anmerkung: DNA?!)

Herkunft der Menschen - Teil V. - GÖTTER

Die Herrschaft der Titanen

„Ein mächtiges Königtum erstreckte seine Herrschaft von Atlantis aus auch über Libyen und über Teile Europas bis Tyrrhenien"
Platon, Timaios, Atlantisbericht

Diodor schreibt (III, 56): „Die Atlanter, die ein fruchtbares Land in der Nähe des Ozeans bewohnen, stehen im Ruf, sich von ihrem Nachbarn durch Ehrfurcht gegen die Götter und durch Freundlichkeit gegen die Fremden auszuzeichnen. Sie behaupten auch, bei ihnen seien die Götter geboren... Der erste König der Atlanter war nach ihrer Sage Uranos. Er sammelte die zerstreut wohnenden Menschen in befestigten Städten und gewöhnte seine Untertanen die gesetzlose und tierische Lebensweise ab. Er entdeckte den Gebrauch und Pflege der Kulturpflanzen und machte auch sonst nützliche Erfindungen. Er eroberte den größten Teil der bewohnten Erde, namentlich die westlichen und nördlichen Länder. Als sorgfältiger Beobachter der Gestirne sagte er vieles voraus, was im Kosmos geschah. Das Volk lehrte er nach dem Verlauf der Sonne das Jahr und nach dem des Mondes die Monate zu bestimmen und auf die Ordnung der Jahreszeiten zu achten... Nach seinem Tod wurde er als Gott verehrt: seinen Namen übertrug man auf das Firmament (Uranos „Urahn" = Himmel)..."

Uranos scheint ein außerirdischer, interdimensionaler oder erdgeborener Nichthumaner gewesen zu sein, was genau, bleibt unklar. Uranos´ ältere Bezeichnung war vielleicht Voranos, woraus der Varun-s der Inder entstand (der Himmelsgott auf der Kanareninsel Gomera hieß ähnlich, nämlich Orahan, auf der Insel El Hierro Era-oranhan = Stammvater, Gott. Die Altkanarier waren Nordvölker!). Interessant ist die Aussage, dass er die primitiv lebenden Menschen in Städten versammelte und ihnen alles beibrachte vom Anbau von Pflanzen bis zur Astronomie. Sein Name wurde nach seinem Tod dann zum Namen des Himmels – weil er vom Himmel kam?
Damit begann der Kult, Göttern oder bedeutenden Heroen ein Denkmal zu setzen, indem man nach ihnen Sternenkonstellationen nannte oder, wie es immer so schön

heißt, man „setzte sie an den Himmel" oder „verstirnte" (nach Gestirn) sie.

Uranos zeugte 45 Söhne mit mehreren Frauen, darunter 18 mit der Titaía. Jeder hatte seinen eigenen Namen, aber alle trugen nach ihrer Mutter den gemeinschaftlichen Namen Titanen. Auch Töchter wurden dem Uranos geboren, von denen die zwei ältesten berühmter wurden als die anderen. Sie jießen Titáia und Basiléia (Herrscherin) und Rhea. Basiléia übernahm
(nach ihrem Vater) die Regierung. Später heiratete sie Hyperion („der Hochwandelnde", Sonnengott), einen der Brüder ...", so die Version von Diodor (III, 57). Titanen sind also alle Kinder des Uranos, es sind Riesen!

Aufteilung der Welt unter Atlas und Kronos

„Nach Hyperions Tod oder Weggang teilten die Söhne des Uranos das Reich unter sich. Die angesehensten waren Atlas (der nach einer Version auch Sohn von Kronos sein soll) und Kronos. Atlas erhielt die Länder am Ozean; er nannte die Einwohner Atlanter; dem höchsten Gebirge dort gab er dem Namen Atlas. Vom Lauf der Gestirne hatte er genaue Kenntnisse …
Er hatte mehrere Söhne, unter denen sich einer namens Hésperos hervortrat. Dieser verschwand plötzlich, von einem heftigen Sturm entführt, als er den Gipfel des Berges Atlas bestieg, um die Sterne zu beobachten. Das Volk erwies ihm göttliche Ehren und benannte den hellsten Stern am Himmel nach ihm (he´speros = der Abendstern; Hesperiden = Name für die Inseln von Atlantis). Atlas hatte sieben Töchter, die nach ihrem Vater Atlantiden hießen. Sie vermählten sich mit den erhabensten Göttern

und Heroen und waren die Stammmütter zahlreicher Geschlechter. Daher galten auch bei den Griechen, wie bei einigen Fremdvölkern, die meisten Heroen der Urzeit als Abkömmlinge der Atlantiden ..."
(Diodor III, 60)

Stammesgründer, Adel, Rassenentstehung

Die Titanen der zweiten Generation übernahmen die Herrschaft und teilten sich die Erde in Länder auf, über die sie herrschten, wobei jeder eine Anzahl Menschen erhielt. Diese Herrscher verbanden sich nun mit Menschen, woraus weitere Menschen, jetzt aber angereichert mit dem Gengut der Nichthumanen, entstanden. Diese unmittelbaren Nachkommen wurden dann als höhere Menschen, sprich Heroen oder Helden, später als der Adel, bezeichnet. Daher versucht der internationale Adel auch heute noch, seinen Stammbaum auf Götter zurückzuführen. Je näher jemand der zentralen Götterlinie steht, desto höher sein Rang. Das gilt bis heute! Stammesgründer sind immer einzelne Götter oder Göttinnen. So entstanden über das Gengut einzelner Götter unterschiedliche Stämme oder Unterrassen (die menschlichen Urrassen wurden aber zunächst von sieben göttlichen Urmüttern geboren, die sich als Gebärmütter zur Verfügung gestellt hatten; die Gebärgöttinnen gebaren zuerst nur männliche Kinder, keine Frauen!).

Quelle: „Herrscht eine Echsenrasse über die Erde?"
Autor: Holger Kalweit

Auch dies möchte ich gerne einfügen – ich hatte es erst kürzlich bei Facebook eingestellt, es öffentlich gemacht – es spiegelt somit die wahre Geschichte -

meine Geschichte - in der griechischen Version wieder
und den Zusammenhang zwischen mir *(Gaia / Tefnut)*
und *Anu (Zeus)* wieder.

GAIA

Vorwort:

**Heute, meine Lieben, neigt sich meine *Göttinnen* Serie
endgültig dem Ende zu …**

**Sinnigerweise, wie Ihr hier feststellt, zu *GAIA*, zum
Anfang allen Seins, der Existenz aller hier auf der
ERDE, oder TERRA, wie auch genannt …**
**Mit dieser Hommage*) an *GAIA*, an alle Göttinnen, an
alle Frauen und an mich selbst, denen diese Ehre
zukommt möchte ich meine Artikel Serie mit guter
Hoffnung freudvoll abschließen …**
**Seid Euch gewiss, wenn doch Eure gute, alte *GAIA*
„guter Hoffnung ist", so ist sie das grundsätzlich für
Euch und Gaia … Terra … der Erde!**

**Für alle Liebhaber der Mythologie habe ich wieder den
überlieferten Teil aus Wikipedia eingefügt …**
**Für alle Liebhaber der Lyrik habe ich noch einen
„Bonbon", den lyrischen Teil aus meiner Feder
stammend , hinzugefügt, sowie eine Hommage an die
UR- Mutter von einem geliebten Mann an meiner Seite
…**
**wer meine Serie mitverfolgt hat, wer mich
kennenlernen wollte, wer mein freudvolles Tun mit
ganzer Aufmerksamkeit mitverfolgt hatte, der wird
Eins + Eins zusammenzählen können und das**

ultimative Rätsel gelöst haben …

*)
Eine Hommage (frz. homme, lat. homo, „Mensch") ist ein öffentlicher Ehrenerweis, meist auf eine berühmte Persönlichkeit, der man sich verpflichtet fühlt. Oft stehen die Urheber einer Hommage selbst in der Öffentlichkeit.
Meine musikalische Hommage:
http://youtu.be/wQAjeN2iy9U

Beginnen wir mit den offiziellen Quellen:

Gaia oder *Ge* (griechisch Γαῖα oder Γῆ, dorisch Γᾶ), deutsch auch *Gäa*, ist in der griechischen Mythologie die personifizierte Erde und eine der ersten Götter. Ihr Name ist indogermanischen Ursprungs und bedeutet möglicherweise die Gebärerin. Ihre Entsprechung in der römischen Mythologie ist *Tellus*.
Abstammung und Entmannung des *Uranos*

In Hesiods Theogonie entsteht Gaia als einer der ersten Götter aus dem Chaos. Ihre Geschwister sind *Tartaros, Eros, Erebos* und *Nyx*. Für die Orphiker ist *Hydros* (Wasser) die Urgottheit, aus der nach ihrer Vorstellung *Gaia* als einzige Gottheit ohne Befruchtung hervorgegangen ist. Der Mythograph Hyginus nennt als Eltern der Gaia *Aither* und *Hemera*.
Bei Hesiod gebiert *Gaia* von *Uranos* die Titanen, die einäugigen Kyklopen und schließlich die hundertarmigen Hekatoncheiren. Dem Vater sind seine Kinder aber verhasst, darum hält er sie in Gaia (in der Höhlung der Erde) versteckt und freut sich seiner Tat.

Gaia sinnt auf eine List, sie bringt das unzerbrechliche graue Adamant hervor und macht daraus eine gezähnte Sichel. Dann fordert sie ihre Kinder auf, sich gegen den Vater aufzulehnen. Der Titan *Kronos* folgt ihr als einziger. Als *Uranos* sich voll Verlangen *Gaia* nähert, schneidet *Kronos* ihm mit der Sichel das Geschlechtsteil ab und wirft es fort. Das aus der Wunde des *Uranos* fließende Blut befruchtet Gaia und sie gebiert die Giganten, die Erinnyen und die melischen Nymphen.

In der Bibliotheke des Apollodor überredet *Gaia* aus Ärger darüber, dass Uranus die Hekatoncheiren und die Kyklopen in den Tartaros verbannt hat, die Titanen dazu, über ihren Vater herzufallen. Kronos gibt sie die Sichel und alle Titanen außer *Okeanos* wenden sich gegen *Uranos*. *Kronos* entmannt ihn und *Gaia* gebiert aus seinem Blut die Giganten und die Erinnyen. Die Titanen befreien ihre Geschwister aus dem Tartaros und ernennen *Kronos* zum höchsten Herrscher.

In der Theogonie sagen *Uranos* und *Gaia* dem *Kronos* voraus, dass einer seiner Nachkommen ihn stürzen würde, so wie er seinen Vater entmachtet hat. *Kronos* verschlingt daraufhin jedes Kind, sobald es von seiner Gemahlin *Rhea* geboren worden ist. Als *Rhea* aber den *Zeus* erwartet, bittet sie *Gaia*, ihn vor *Kronos* zu verstecken. Anstatt des Kindes bringt *Rhea* diesem einen gewindelten Stein, den dieser verschlingt, und *Gaia* zieht *Zeus* heimlich in Kreta auf. Als *Zeus* herangewachsen ist, überredet er die Okeanide *Metis*, dem *Kronos* ein Brechmittel in seinen Trank zu geben, sodass er die Kinder mitsamt dem Stein erbricht. Diese geben *Zeus* zum Dank den Donner, den Zündkeil und den Blitz, die *Gaia* in sich verborgen hatte. *Zeus* und seine Geschwister führen daraufhin zehn Jahre Krieg gegen die Titanen, bis *Gaia* ihnen den Ort zeigt, an dem die Kyklopen und Hekatoncheiren gefangen gehalten werden. *Zeus* befreit sie und gemeinsam besiegen sie die Titanen und verbannen sie in den Tartaros, wo sie von den Hekatoncheiren bewacht werden. Auf *Gaias* Rat wird *Zeus* von den anderen Göttern zu ihrem Obersten gemacht. Auch laut der Bibliothek kann *Zeus* mit Hilfe der aus dem Tartaros befreiten Hekatoncheiren und Kyklopen die Titanen besiegen.

Der Titan *Prometheus* beklagt sich in *Der gefesselte Prometheus des Aischylos* darüber, dass er vergeblich seine Geschwister gewarnt habe, diese hätten nicht auf die Prophezeiung von *Uranos* und *Gaia* hören wollen.

Weitere Informtionen:
http://de.wikipedia.org/wiki/Gaia_(Mythologie)

Aus meiner Feder stammend:

GAIA: "Wo willst du denn denn nun schon wieder hin Hermes?"
HERMES: "Aber ich komme doch bald wieder!"

Gaia zu *Atlas*: "Dann halte du mich solange fest, bis mein Hermes wieder kommt!"
Atlas:"Gerne doch geliebte Gaia, jedoch nur solange nicht Zeus um die Ecke kommt. Dann ist´s aus mit der Hilfe Gaia!"
GAIA: "Ach herrje! Dann müsste ich ja die Last der

Erde alleine auf meine Schultern laden!"
Atlas: "Nein, nein, später kommt der Hermes. Sieh doch! Er verdient sich ja jetzt seine goldenen Sandalen, fliegt emsig hin und her und sammelt dabei all die Erfahrungen die er braucht um eines Tages die Last zu tragen."
GAIA: "Dein WORT in GOTTES Ohr!"

Eine Nachricht der Geistigen Welt durch *GAIA*

An alle Seelen dieser Erde...

Mutter Erde befindet sich derzeit in einem bis jetzt einmaligen Aufstiegsprozess, indem sie sich bereits in die Merkaba begeben hat...
dies, so wurde es mir vor wenigen Stunden übermittelt, ist ein freudiger, aber auch sehr sensibler Prozess, da es ihr auf ätherischer Ebene ein Leichtes ist sich diesem
Strudel mit ihrem Ätherkörper hinzugeben,
was ihr Euch vorstellen könnt, als wäre dies ein Karussell,
welches immer rasanter an Fahrt zunimmt,
aber Mutter Erde hat auch zugesagt ihren materiellen Körper
mit uns allen darauf befindlichen Seelen mitzunehmen.

Mutter Erde wird nun LOS LASSEN (müssen) um den Aufstieg einzuleiten, was heißt, dass sie für Momente ihren materiellen Körper zurücklassen muss.
Dies wird keine Konsequenzen für alle Lebewesen auf ihrem materiellen Körper haben, denn alle sind wohlbehütet

in ihrem Schoß. Dieser Aufstieg lässt sich nicht zeitlich exakt vorausberechnen, da es ein kosmisches Ereignis ist.

Alle auf ihr befindlichen Lebewesen befinden sich ebenso wie Mutter Erde in ihrer eigenen Merkaba die sie schützen und ganz automatisch mit „nach oben" geleiten, deshalb gibt es keinen Grund Sorgen zu haben.

Die Bitte der Geistigen Welt bezieht sich heute darauf, dass alle bewussten Seelen bitte ebenfalls mit freiem Herzen
die Bereitschaft zeigen die materielle Ebene LOS ZU LASSEN,
sich nicht ängstlich binden, damit Mutter Erde dies heute
in ihrem Prozess Erleichterung verschafft.
Denkt daran, Mutter Erde ist ein lebendiges Wesen und ist sich bewusst, dass es Verantwortung für alle Seelen
trägt, aber es umso beschwerlicher es haben wird, wenn ihre Schützlinge auf der Erde in den Momenten der LOS-LÖSUNG festhalten.

Bitte helft Mutter Erde, sendet Ihr heute Eure Energie, hebt die Frequenz mit Meditationen und Gebeten an, lasst LOS und zeigt ihr an: Wir sind bereit!
Stellt Euch vor wie freudig Ihr als Kinder in einem Karussell
gesessen habt und visualisiert Euch dieses wundervolle Gefühl
HEUTE noch einmal und empfangt das Gefühl mit

dem
offenen Herzen eines Kindes welches LOS GELÖST
diese Freude genießt!
Mutter Erde, *GAIA* wird es Euch danken!

Übermittlung am 29.7.2013 / 13 Uhr – an Christine
für alle Seelen die helfen möchten.

Eine Hommage von einem geliebten Mann (F. zu *Tefnut / Gaia*):
(Auch später dem Schreiben „Schlüsselübergabe" an den Vatikan beigefügt)

Groß ist der erste Äon, die männliche, jungfräuliche Barbelo, die erste Herrlichkeit des unsichtbaren Vaters, sie, die genannt wird, vollkommen.

Du hast zuerst gesehen, dass der, der wahrhaft zuerst existiert, ohne Wesen ist. Und aus ihm und durch ihn bist du zuerst entstanden in Ewigkeit, die du ohne Wesen aus einer ungeteilten dreifachen Kraft bist.

Du bist eine dreifache Kraft, eine große Einheit aus einer reinen Einheit. Du bist eine auserwählte Einheit, der erste Schatten des heiligen Vaters, Licht aus Licht.

Wir preisen dich, du Erzeugerin der Vollkommenheit, Äonen- Geberin.
Du hast gesehen, dass die Ewigen aus einem Schatten stammen.

Und du bist zahlreich. Und du hast gefunden, dass du eine geblieben bist, während du dreifach bist, indem du mittels Teilung zahlreich geworden bist. Du bist wahrhaft dreifach, du bist Eine aus Einem.

Und du stammst aus seinem, des heiligen Vaters, Schatten; du bist eine Verborgene; du bist eine Welt; du bist Wissen, indem du weißt, dass die des Einen aus einem Schatten stammen. Und diese sind deine im Herzen. Denn ihretwegen hast du den Ewigen Kraft gegeben durch Wesenhaftigkeit. Du hast der Göttlichkeit Kraft gegeben durch die Lebendigkeit. Du hast dem Wissen Kraft gegeben durch die Güte.

Durch die Seligkeit hast du den Schatten Kraft gegeben, die aus dem Einen strömen. Du hast diesem Kraft gegeben durch das Wissen. Du hast einem anderen Kraft gegeben durch die Schöpfung. Du hast Kraft gegeben dem, der ebenbürtig ist, und dem, der nicht ebenbürtig ist, dem, ähnlich ist, und dem, der nicht ähnlich ist. Du hast Kraft gegeben durch Zeugung und Formen in dem, das existiert bis zu anderen. Du hast Kraft gegeben diesen.

Er, der ungezeugte Vater, ist jener Verborgene im Herzen. Und du bist zu diesen hinausgekommen und aus diesen. Du bist geteilt unter ihnen. Und du bist geworden ein großer, männlicher, vernünftiger Protophanes. Väterlicher Gott, göttliches Kind, Zahlen- Hervorbringer. Entsprechend einer Teilung aller, die wahrhaft existieren, bist du allen erschienen in einem Wort.

Und du besitzt sie alle in Ungeborenheit und in Ewigkeit, unzerstörbar. Deinetwegen ist die Rettung zu uns gekommen. Aus dir stammt die Rettung.

Du bist Weisheit; du bist Erkenntnis; du bist Wahrheit; deinetwegen ist das Leben; aus dir ist das Leben. Deinetwegen ist der Verstand; aus dir ist der Verstand. Du bist ein Verstand; du bist eine Welt; du bist die Wahrheit; du bist eine dreifache Kraft; du bist dreifach. Wahrhaftig bist du dreifach, der Äon der Äonen. Du allein bist es, die sieht in Reinheit die ersten Ewigen und die Ungeborenen, aber gleichfalls die ersten Teilungen, so wie du geteilt worden bist.

Vereinige uns, so wie du vereinigt wurdest. Lehre uns diese Dinge, die du siehst. Gib uns Kraft, damit wir zum ewigen Leben gerettet werden. Wir aber, wir sind jeder ein Schatten von dir wie du ein Schatten bist des ersten, der zuerst existiert. Höre uns zuerst. Wir sind Ewige. Höre uns als die vollkommenen Einzelnen. Du bist der Äon der Äonen, die ganz Vollkommene, die sich hingestellt hat. Du hast gehört. Du hast gehört. Du hast gerettet. Du hast gerettet. Wir danken. Wir preisen dich allezeit. Wir werden dir Lobpreis geben.

Wir freuen uns. Wir freuen uns. Wir freuen uns. Wir haben gesehen. Wir haben gesehen.

Wir haben gesehen den, der zuerst existiert, dass er wahrhaft existiert, dass er der erste Ewige ist.

Du Ungeborener, aus dir sind die Ewigen und die Äonen, die Ganz - vollkommenen, die sich an einem

Ort befinden, und die vollkommenen Einzelnen. Wir preisen dich, der du ohne Wesen bist, die Existenz, die vor anderen Existenzen ist, das erste Wesen, das vor anderen Wesen ist, der Vater der Göttlichkeit und der Lebendigkeit, der Schöpfer des Verstandes, der Geber der Güte, der Geber der Seligkeit.

Wir alle preisen dich, Wissender, in einem Lobpreis darbringenden Preisen, dich, dessentwegen alle diese sind in Wahrheit, der dich kennt durch dich allein. Denn es gibt nichts, das wirksam vor dir ist.

Du bist ein einziger und lebendiger Geist. Und du kennst den Einen, denn es ist dieser, der zu dir überall gehört. Wir sind nicht in der Lage, ihn zu nennen. Denn dein Licht leuchtet auf uns.

Befiehl uns, dich zu sehen, auf dass wir gerettet werden. Es ist die Erkenntnis deiner selbst, die unser aller Rettung ist. Befiehl!

Wann immer du befohlen hast, wurden wir gerettet. Wahrhaftig wurden wir gerettet!

Wir haben dich gesehen durch den Verstand! Du bist diese alle, denn du rettest diese alle. Du bist der, der nicht gerettet werden wird, noch gerettet wurde durch sie. Denn du, du hast uns befohlen.
Du bist einer. Du bist einer, wie dort einer ist, der sagen wird zu dir:
„Du bist einer, du bist ein einziger, lebendiger Geist. Wie sollen wir dir einen Namen geben? Wir haben ihn nicht. Denn du bist die Existenz aller dieser. Du bist

das Leben aller dieser. Du bist der Verstand aller dieser. Denn du bist der, in dem sie sich alle freuen. Du hast allen diesen befohlen, gerettet zu werden durch dein Wort."

Auch solltest du unbedingt hier lesen:

1.) http://www.mythentor.de/griechen/anfang.htm

2.) http://www.mythentor.de/griechen/anfang2.htm

3.) http://www.mythentor.de/griechen/anfang3.htm

Numerologische Berechnung / Seelencode:

Gaia : 9 7 2 9 = 9

Übereinstimmend mit:

Christine Inge Barth: 9 7 2 9 = 9

Sowie:

Anat (Anath) ^ 9 7 2 9 = 9

Elektra ^ 9 7 2 9 = 9
(Tochter des *Atlas* / Gattin v. *Zeus*)

Morga(i)n Le Fay 9 7 2 9 = 9

Helena ^ 9 7 2 9 = 9
(Tochter v. *Leda* u. <u>Zeus) oder andere Variante sie im</u>

letzten Teil!

* 9 = ist der Vater, riesigen Angesichts, formend und verändernd aus der Formlosigkeit heraus...

Tabelle zum Berechnen des Seelencodes:

1: A, J, S
2: B, K, T
3: C, L, U
4: D, M, V
5: E, N, W
6: F, O, X
7: G, P, Y
8: H, Q, Z
9: I, R

Berechnungsbeispiele / Anleitung:

C H R I S T I N E I N G E B A R T H
3 8 9 9 1 2 9 5 5 9 5 7 5 2 1 9 2 8 = 99 = 9+9 = 18 = 1+8 = 9
3 8 9   1 2   5   5 7   2   9 2 8   = 61 = 6+1 = 7

           9   9   5 9   5   1   = 38 = 3+8 = 11 =
1+1 = 2
Quintessenz:
7+2 = 9
Gesamt: 9+9 = 18 =
1+8 = 9

G A I A
7 1 9 1   = 18 = 1+8 = 9
7   = 7
  1 9 1   = 11 = 1+1 = 2
Quintessenz: 7+2 = 9
Gesamt: 9+9 = 18 = 1+8 = 9

Nun zu einer meinen Reinkarnationen nach der Verkörperung als *GAIA*:

Elektra – Die offizielle Beschreibung aus Wikipedia

Elektra soll auch die Mutter von *Harmonia* gewesen sein, deren Vater *Zeus* war.

Andererseits gilt *Elektra* als eine der Plejaden und damit als Tochter der *Pleione* und ihrem Mann, dem Titanen *Atlas*, jenem der im Norden das Himmelsgewölbe trägt.
Ihre Schwestern in dieser Konstellation sind: *Merope*, die *Eloquente, Alkyone,* die dem Sturm gewahr ist, *Asterope*, die Funkelnde, *Celaeno*, die Dunkelhäutige sowie *Maia*, die Mutter bzw. Amme oder Nährende und *Taygete*. die mit dem langen Hals genannt. *Elektra* ist die Mutter von *Dardanos*, des legendären Begründers von Troja, dessen Name noch heute in den Dardanellen enthalten ist.

Anmerkung: *Dardanos* habe ich hier ebenfalls wiedergefunden und wir haben uns wiedererkannt! Wir haben hier inzwischen eine tiefe Freundschaft aufgebaut. Er war auch einmal als der berühmte *Seneca* reinkarniert gewesen.

Seelencode der Elektra:

Elektra ^   9   7   2
9   = 9
(Tochter des Atlas / Gattin v. Zeus)

Christine Inge Barth   9   7   2
9   = 9

Im nächsten Teil meine Version der Geschichte von Atlas und seinen Töchtern, Söhnen und somit mir:

ATLAS – Vater der Plejaden
ATLAS – Astronom und Mathematiker
ATLAS – Einer der Söhne des Titan Iapetos (einer der Götter)
ATLAS- Gebirge (nach ATLAS benannt)

Plejaden – Töchter des *ATLAS*
ATLAS - Planet der Plejaden
1. ATLANTIS – Königreich auf Gaia
ATLAS – Gebirge (nach Atlas benannt)

Ich habe das zusammengefasst nach meinen Erinnerungen
und durch die Historie – Aufzeichnungen eines Volkes, der Plejadier . Allerdings ist zu beachten, dass Zeit nicht linear
zu sehen ist, was heißt, dass der Begriff „Vater" hier nicht im derzeit irdischen Verständnis zu sehen ist.

Mein großartiger Vater, Sohn des Titanen *Iapetos* und der Okeanide
(Meeresnymphe) *Asia* auch *Klymene* genannt.
Mein Vater hatte einst als Gott viele Kinder gezeugt und eine
zeugte er mit meiner „Mutter" *Pleione* (auch *Aithra* genannt)
und diese wurde PLEJADEN genannt.
Zum ewigen Andenken an einer der Töchter und der Verbindung
zum Titanen *ATLAS* gab man dem einen Planeten den Namen
ATLAS, und um nur eine meiner Schwestern zu nennen,
so findet ihr sie unter dem Namen *Maia*, einer der Planeten,
den ihr aber heute unter dem Namen Maya (Maja) kennt.
Ich wurde *Elektra* genannt, obgleich ich mich eher zu Atlas
hingezogen fühlte.

Atlas und sein Bruder *Menoitios* sahen sich nach dem Titanenkampf

gegen die Olympier auf der Seite der Verlierer und wurden für ihre
Loyalität zu *Kronos* von *Zeus* bestraft. Anders als die meisten anderen
Titanen wurde *ATLAS* aber nicht in den Tartaros (Weltraum) verbannt,
sondern erhielt die beschwerliche Aufgabe, an Gaias (= die Erde)
westlichem Rand zu stehen und dort den Uranos (= Himmel)
zu stemmen, um so zu verhindern, dass jene beide ihre urweltliche
Umklammerung wieder aufnähme. In Urzeiten wurde es *Gaia* nämlich
überdrüssig, dauernd von *Uranos* (einer der ersten Götter) vergewaltigt
zu werden. So wurde *Atlas* zum *Atlas Telamon* (= verankerter Atlas)
und erhielt mit *Koios*, der die Weltachse, um die sich der Himmel dreht,
personifiziert, ein Gegenstück.
(Allerdings handelt es sich eher darum, dass *ATLAS* ein Astromiekundiger
und Mathematiker war und er im übertragenen Sinne „die Erde stemmte".
Es war damit gemeint, dass er Namensgeber des Atlas-Gebirges war
und grundsätzlich sehr viel Verantwortung übernommen hatte).

Während mein „Vater" fortan seine verantwortungsvolle Aufgabe
erfüllte herrschten seine Gattinnen, seine Töchter und

Enkelinnen,
die Göttinnen, weise über ihr Reich, bis hin zu jenem Tag als er anwies,
dass alle seine Kinder, die Götter, auf die Erde hinabsteigen sollten.
„Mögen doch, wenn ich schon so beschwerlich die Last des
Himmelszeltes trage, mir meine Kinder helfen Gaia zu dem zu machen,
was ihnen dereinst auf ihren Gestirnen gelungen war", so sprach er donnernd aus.

So folgten wir Kindeskinder des Titanen *ATLAS* und kamen als
Riesen auf die Erde hernieder. Überall verteilten wir uns
auf Gaia, einer meiner Schwestern auf Malta, einer meiner Brüder
im heutigen Mittelamerika (Inka und einer Zivilisation in Machu Picchu),
andere gründeten Lemuria, in Bali, Hawaii, Samoa und Indien.
Ich zog aus und ging als Priesterin nach Lemuria und ATLANTIS
zu Ehren meines Vaters *ATLAS*.
Meine Geschwister schufen einen Weg ausgehend von den heutigen
griechischen Inseln, zwischen den Säulen des Herakles, hin zu meinem
Reiche Atlantis im Herzen Norddeutschlands.*

* Empfohlene Quelle: Quelle: „Herrscht eine Echsenrasse über die Erde?

Autor: Holger Kalweit

Gaia sollte erblühen in schönsten Formen und Farben,
Milch und Honig sollte immer in Hülle und Fülle fließen,
wunderschöne Städte mit goldenen Kuppeln und Kristalltürmen
sollten unseren Vater stolz machen, der immer noch das
„Himmelszelt auf seinen Schultern trug". Er sprach zu uns Töchtern:
„Mögt ihr als Göttinnen herrschen wie ihr es stets getan habt
und mögen sich meine Söhne unterordnen! Ihr Söhne, erkennt
die Herrschaft eurer Schwestern an, denn sie werden euch Kinder
schenken und das Land zu Fruchtbarkeit verhelfen! Ehrt sie,
die Göttinnen!"

Jedoch sollten die Söhne nicht lange ehren das einst eingewilligte
Versprechen das Matriarchat der Schwestern.
Alsbald übernahmen unsere Brüder, die Götter, das Zepter,
schleichend aber einnehmend. Zurückgedrängt und demutsvoll
übernahmen wir aber dennoch als Priesterinnen vorerst die
Regentschaft und man ließ uns gewähren, denn wir waren an das
Höchste Gut, mit unseren Ursprungsplaneten

verbunden.
Langsam kam das Gleichgewicht ins wanken, denn unsere Brüder
nahmen irdische Frauen, jene die in der Schönheit uns Göttinnen
nichts nachstanden, und zeugten mit ihnen Söhne und Töchter.
Diese Söhne wiederum verlangten ihr Geburtsrecht und verlangten
ihren Erbanteil. Somit wurde das Reich Atlantis später unter
ihnen aufgeteilt und der Zwist begann! Das Patriarchat hatte nun
endgültig Einzug gehalten und damit der Krieg. Keiner der Söhne,
die Halbgötter, war es nun zufrieden nur einen Teil des Königreiches
zu bewahren, nein, jeder von ihnen wollte nun die Alleinherrschaft
haben.

ATLAS wurde wütend und donnerte laut und grollend
am Himmelzelt, die Erde bebte tagelang unter seiner Wut.
Er donnerte: „Sollt ihr alle untergehen ihr Unwürdigen!
Ich lasse ATLANTIS im Meer versinken! Erst Äonen später,
wenn sich meine Töchter erneut anschicken auf die Erde hinab
zu kommen, dann erst, sollte in ferner Zukunft meine Töchter
die Plejaden, jene die mich gehuldigt haben und *Gaia*

selbst
das Gleichgewicht wieder herstellen. Meine Nachkommen,
meiner Tochter Maia mögen somit jeden Tag zu mir zum
Himmelsfirmament aufschauen und warten bis sich eine
besondere Sternenkonstellation der Plejaden abzeichnet.
Seht hin und beachtet dies, denn dann wird erneut die
Göttinnen Energie auf Gaia mit *Gaia* Einzug halten!"

Die Göttinnen, die Priesterinnen, waren jedoch rein geblieben
und konnten einige Einwohner von ATLANTIS retten, denn sie
konnten aufgrund ihrer Gabe der Hellsicht das Unglück schon
voraus sehen. So konnten sie in verschiedene Richtungen der Erde
entfliehen und sich dort erneut ansiedeln. Viele von ihnen gründeten
nun in Ägypten ein neues Göttergeschlecht und verhalfen dem einst
kargem Wüstengebiet zu neuem Ansehen und Wohlstand. Da aber
mit der Zeit die reinen Blutlinien der Götter von einst immer mehr
vermischt wurden erreichten die Göttinnen und Götter von einst
lange nicht mehr das hohe Alter und sie starben schon früh.
Aus diesem Grund mussten sie immer erneut

reinkarnieren und
waren dazu verdammt als menschliche Wesen zu leben.
Immerzu im Bemühen das Gleichgewicht wieder herzustellen
und um den Menschen von Gaia spirituelle Energie zu senden
reinkarnierte ich „Kind" des *ATLAS* in Ägypten.
Auf uns Göttinnen lag die schwere Bürde das Gleichgewicht
der Kräfte im Sinne des Matriarchats wieder mühsam herzustellen.
Einmal kam ich als arme Frau auf die Erde und wurde Priesterin.
Nicht oft wurde einer Frau diese Ehre zuteil, denn die Vorherrschaft
hatten meist männliche Priester in Ägypten. Doch es wurde wegen
einer nachgewiesenen Göttinnenblutlinie bestimmt, dass ich,
sollte ich den höchsten Einweihungsgrad lebend bestehen, fortan
Hohepriesterin sein sollte. Diese Prüfung war nicht schwer, nicht für mich,
denn sie setzte nur voraus, dass ich in der Cheops Pyramide zu
meinem Volke der Plejaden reisen sollte. Ein leichtes Unterfangen
für eine Tochter der Plejaden, denn ich brauchte nur Astral zu reisen.

Alles jedoch schien sinnlos, jedes Unterfangen wurde durch das
Patriarchat untergraben und erneut reinkarnierte ich

auf Gaia,
wieder in Ägypten. Niemand weniger als ein reiner Gott *Amun Re*,
hatte mich gezeugt und so wurde ich als Königstochter geboren.
Man gab mir den Namen „*Maat ka Re*",
Gottesgemahlin des *Amun Re*.
Meine Aufgabe war es die Maat erneut herzustellen und dies
gelang mir als vorerst einzige Regentin, als Pharao, insbesondere
nach dem Tod meines Königgemahls *Thutmoses II* vortrefflich.
Ägypten blühte unter meiner weiblichen Herrschaft auf und gelangte
zu Wohlstand. Heute kennt man mich unter dem Namen „*Hatschepsut*".
Aber nichts wirkte ewig in diesem immer noch vorherrschenden
Patriarchat, welche die Priester in ihrer Machtbefugnis forderten,
und so wurde nach Jahrzehnten meiner Regentschaft gefordert,
dass mein Stiefbruder *Thutmoses III* fortan Pharao wurde.
Nach meinem Tode wurden fast alle meine Inschriften, mein Nachruf,
von den Tempeln und Obelisken entfernt. Keiner der Nachkommen
sollte an die erfolgreiche Regentschaft einer Frau erinnert werden.

Es sollten wieder viele, viele Erdenjahre ins Land

gehen.
Um ca. 10 nach Christus verließ der letzte plejadische Führer,
genannt *Plejas*, die Erde für immer, da die Plejadier den Frieden
zu Hause in den Plejaden wieder erlangen wollten. Sie fühlten,
dass es nun Zeit war, dass die Menschen selbst ihre Entwicklung
in die Hand nahmen. Bevor die Plejadier jedoch die Erde verließen,
ließen sie einen spirituellen Führer, genannt *Jmmanuel*, hier.
Dieser war später bekannt als Jesus. *Jmmanuel* war eine sehr hoch
entwickelte Seele, dessen Vater *Gabriel* vom Plejaden-System
und dessen Mutter *Maria* von Lyra abstammten. Die Erde setzte ihre
Entwicklung von da an ohne direkte plejadische Führung fort –
bis in die heutige Zeit. Aber das sollte sich ändern, denn einst hatte
ATLAS mein Vater gesprochen und bestimmt, wenn sich diese
eine bestimmte Sternenkonstellation am Himmelszelt zeigt, so wird
endgültig wieder die Göttinen- Energie einströmen und mit ihr
die Göttinnen von einst wiederkehren! Und wir kamen alle:
Alle Göttinnen *Taygeta, Maya (Maia), Coela, Merope, Elektra* und *Alcoyne* und deren Kinder und

Kindeskinder.
Somit reinkarnierten viele Einwohner von ATLANTIS auf Gaia.
Um das Jahr 2000 als die Erde in den Photonen-Ring eintrat,
haben wir Plejadier aktiv mitgeholfen, die Menschen der Erde
ins Licht zu leiten.

Auch wenn es nicht ganz hier hinein passt, weil es nur indirekt etwas mit deinem Ursprung zu tun hat – allenfalls zeigt es hier die bereits erwähnte Verkörperung von mir als *Morgan Le Fay* und *Merlin* auf - aber da wir ja immer dieselben Seelen waren und unsere Verkörperungen als Meilenstein in der Geschichte und in der Mythologie hinterließen sollte es hier Erwähnung finden damit du die Zusammenhänge verstehen kannst und eine lückenlose Zusammenfassung deiner Ahnen hast:

Morgane Le Fay...
In meiner Zeit hat man mir viele Namen gegeben
Schwester, Priesterin, weise Frau und Königin der Nacht
Aber man nennt mich oft nur noch die große Göttin des bösen Geistes.
Es wird behauptet das ich die Macht von den dunklen Kreaturen
bekam um die Menschen mit meinen Worten der Unwahrheit
zu vergiften und die Welt zu verändern.
Die Welt hat sich selbst verändert und die Wahrheit hat viele Gesichter.
Morgane Le Fay sagt euch die Wahrheit…...

morgane le fay…..
os tua venera
sapientiae fons est
at potestas tua
qua saevit ingente
mortifera sit veneno mentis

Morgane Le Fay…... ich bin die Königin der Nacht
Morgane Le Fay…... die Macht der dunklen Kreaturen
Ich bin Schwester, Priesterin und weise Frau.
Morgane Le Fay sagt euch die Wahrheit…...

morgane le fay….
os tua venera
sapientiae fons est
at potestas tua

qua saevit ingenter
mortifera sit...

morgane le fay.....
os tua venera
sapientiae fons est
at potestas tua
qua saevit ingenter
mortifera sit veneno mentis

E NOMINE

http://youtu.be/3aLYB37YzYs

1. Herkunft der Zauberin

Morgana gilt in alten Überlieferungen entweder als <u>älteste</u> der <u>neun</u> Töchter des Herren der unsichtbaren Welt, dem keltischen Unterweltgott Avallach (ähnlich den neun Hesperiden, den Töchtern des Titanen *Atlas* aus der griechischen Mythologie) oder von *Gorlois*, dem Herzog von Cornwall, und dessen Gemahlin, *Igraine*. Diese soll von der verzauberten Insel Avalon stammen und Feenblut in ihren Adern fließen haben. Namentlich bekannt sind von ihren Schwestern nur zwei: *Morgause* und *Elaine*. Manchmal gilt *Morgause* auch als ihre Halbschwester oder Tante. In beiden Fällen ist sie die Herrin des geheimen Feenreichs

Avalon, der Insel der Apfelbäume und gilt als schönste und klügste der Schwestern. *Morgana* soll eine mächtige Zauberin gewesen sein und zu ihren Fähigkeiten gehörten das Gestaltwandeln und das Heilen. Auf Avalon soll sie einen Garten besitzen, in welchem geheime Zauberpflanzen und magische Kräuter wachsen sollen. Sie war einst eine der Schülerinnen des großen Magiers Merlin. Sie soll angeblich den gleichen alten Quellen entstammen wie die Herrin vom See. Es heißt, die beiden seien bloß Abspaltungen der keltisch-walisischen Göttin *Modron* (auch *Madron* oder *Madrun*), einer *dreifachen* (junges Mädchen, reife Frau, Greisin) *Muttergöttin*, welche ihrerseits von der gälischen Urgöttin *Matrona* abgeleitet ist. Eine ihrer Schülerinnen soll die junge *Viviane* gewesen sein, welche das Verderben *Merlins* wurde. Sie war die Gemahlin König *Uriens von Rheged* und gebar ihm *Owein fab Uriens*.

2. Wirken und Taten *Morganas*

Morgana soll die Halbschwester von Artus und Verführerin und Mutter des bösen aus dem Geschwisterinzest hervorgegangenen Mordred (auch Gwydion genannt) gewesen sein. Ursprünglich besetzte diese Rolle Morgause. Diese erwähnte Sir Thomas Malory (geboren 1405, gestorben 1471). Laut Geoffrey von Monmouth in seinem "Historia Regum Britanniae" (Geschichte der Könige Britanniens) soll Morgana zusammen mit zwei anderen Feenköniginnen (darunter auch der Herrin vom See) den tödlich verwundeten Artus nach der Schlacht von Camlann nach Avalon gebracht und gesund gepflegt haben.

Morgana war die Feindin Guinevers und versuchte deren Affäre mit Lanzelot bekannt zu machen. Auch machte sie Artus und seinen Rittern das Leben schwer. * Ihr Liebhaber, der Ritter Accolon, sollte das Zauberschwert Excalibur stehlen, doch als dies misslang, warf sie die magische Scheide, welche ihren Träger unverwundbar machte, in einen See. Durch eine ihrer Dienerinnen, einen gestaltwandelnden Geist oder Dämon, ließ sie einen verzauberten Mantel nach Camelot bringen, der für den König bestimmt war und ihn töten sollte. Doch der Mord wurde durch rechzeitiges Eingreifen der Herrin vom See verhindert. In der Erzählung von Tristan und Isolde brachte sie ein magisches Trinkhorn an Artus' Hof, aus dem kein Mann trinken konnte, dessen Frau untreu war oder derartige Gedanken hegte, ohne etwas zu verschütten. Artus raubte aus ihrem Kristallpalast auf Avalon einen magischen Kessel.

* Anmerkung: Ja, ich schickte die Ritter auf „Gral Suche" - aus Rache darüber, dass sie immer ihre Frauen und Kinder so lange alleine ließen, weil sie wieder auf Tour waren, sei es in den Krieg zogen oder auf Beutejagd waren. Sie hatten auch immer nur ihren schnöden Mammon im Sinn und die Kinder mussten fast ohne Vater aufwachsen. So schickte ich sie auf die „Gral Suche", einem angeblichen goldenen – heiligen Kelch der einst Jesus Christus gehört haben sollte. Die Gier den „Schatz" besitzen zu wollen veranlasste die Ritter durch die Welt zu ziehen um ihn zu finden. Tatsächlich war aber der „Gral" stets nur das „Innere Licht" und keineswegs ein heiliger Kelch! Dies sollten sie bitter bereuen die Suche, denn ein jeder der Ritter kehre nach Jahren erfolglos zurück und war entweder

sehr krank oder hatte durch Kampfhandlungen Gliedmaßen verloren. Die Frauen und deren Kinder erkannten sie nicht mehr. Dies sollte ihnen eine Lehre sein. Es war als Lektion zu verstehen.

3. Gleichsetzung mit der Morrigan

Morgan le Fay wird manchmal gleichgesetzt mit der Morrigan, einer alten Totengöttin der keltischen Mythologie, welche zu den Tuatha de Danann gehörte und eine der Gefährtinnen des Großen Gottes Dagda war.

4. Bekanntheit in Europa

Morgana ist aber auch in anderen Kulturkreisen Europas bekannt, nicht nur im keltischen. Als Fata Morgana ist sie die berüchtigte Königin der französischen Fées und der italienischen Fate. Ihre Schwester ist die Fata Alcina. Der schimmernde Palast der Königin schwebt über der Straße von Messina und Seeleute, welche ihn entdecken und zu erreichen suchen, verlieren dabei das Leben. Deswegen ist der Begriff Fata Morgana auf die Fee (lat. Fata) Morgane zurückzuführen.

5. Herkunft des Namens

Über die Bedeutung des Namens wird schon seit langem herumgerätselt. Manche glauben, er bedeute "Schaum des Meeres", andere vermuten, seine Bedeutung liege bei "strahlende Frau" oder "meergeboren" im Hebräischen oder "weiße Maid". Manche vemuten, der Name hänge mit dem arabischen Wort für Koralle zusammen und im Gälischen soll er soviel wie "die Wissende" bedeuten.

Anmerkung: „Die Schaumgeborene" = Aphrodite (?)

Erster Auftrag erledigt! :-)

Auszug aus einem Reisebericht 1990 nach Tibet in eines der Klöster

Von Christine Inge Barth

.. Was möchte mir das Schicksal mitteilen? Sollte ich aufgeben oder besser laut ausrufen: „Jetzt erst Recht! Es mag einen triftigen Grund geben für dieses Ereignis, also mache ich mich auf den Weg der Suche und finde!"

Ich entschied mich für letztere Variante mit einer Entschlossenheit einer Löwin! Warum ausgerechnet nach Tibet, oder besser gesagt nach Nepal?

Ich hatte nur eine Nacht vor meiner endgültigen Entscheidung einen Traum, dieser war schon beinahe kurios, weil ein weißes Kaninchen über den „Dächern der Welt" hüpfte und mir pausenlos zurief: „Komm doch ins Königreich Shambhala du Löwin!"

Was es mit der Begrifflichkeit der Bezeichnung „Löwin" auf sich haben sollte, dass jedoch, fand ich allerdings erst viel später heraus, aber der Zuruf des Kaninchens veranlasste mich zu forschen was es mit dem sagenumwobenen „Shambhala" auf sich haben könnte und ich fand hier die Information in einer Bibliothek. …

Auf nach Tibet! Und so geschah es auch. Dort überreichte mir der Vorsteher ein Skript, welches nur für mich bestimmt war...

(Weitere Hinweise finden sich in meiner Chronik unter "Info" -

Ich habe heute (22.10.2013) Nachts als ich aufgewacht bin, eine Unterhaltung mit einem Elohim geführt... ich fragte:

"Also, das dividierst du mir jetzt bitte einmal auseinander... ich bin Mensch und Anunnaki und du?"
Er: "Verwirrend, denn ich war Anunnaki und bin jetzt ein Geistwesen. Aber jetzt wird es verwirrend für dich, weil du zwar ein Mensch, ein Anunnaki warst, aber nun ein Geistwesen bist."
Ich: "Das ist jetzt wirklich verwirrend. Meinst du, weil ich hier nicht reinkarniert bin?"
Er: "Ja, hast du deine Berechnungen die wir dir aufgetragen nun schon komplett fertig? Dann müsstest du wissen warum du ein Geistwesen bist!"
Ich: "Fast fertig. Ich scheue den Rest wie der Teufel das Weihwasser." Er: LACHT und ich lache mit! :-D

Das Ergebnis meiner letzten Berechnungen und Belege:

Name	Namenszahl	Äußere Werte	Innere Werte	Quintessenz	Gesamt
Christine Inge Barth**	9	7	2	9	= 9

** Basierend nur auf Vor- und Nachnamen –
Jahreszahl: 1 (Der Magier / Die Zauberin) – Schicksalszahl: 7

Morgane Le Fay *	5 (2)*	5	9/6	5 = 1/7
Fata Morgana (Morgan Le Fay)	7	1	6/9	7 = 5

* Basierend auf das Geburtsdatum: 7.6.1965 – Vorhandene Zahlen: 1 – 5 – 6 – 7 – 9
6/9 oder 9/6 = Umkehrzahlen – können ersetzt oder ergänzt werden, nicht jedoch in der
Namenszahl oder den errechneten Werten. 5 (2)* = 7 = zusätzliche Energie – berücksichtigt sich im Endergebnis (=)

Gemeinsame Inkarnationen einiger Aufgestiegene Meister 5. / 6. Jahrhundert:

König Arthus (El Morya**),** Merlin (Saint Germain), Morgaine La Faye = (Lady Portia).

Lady Portia: (Aufstieg 5./6. Jh.) / **7. Strahl / violett.**

Lemurische Priesterin im Tempel der großen Göttin. Inkarnation als Morgaine La Faye (Morga(i)n Le Fay), Schwester* von Merlin, in Albion (Großbritannien) * Schwester ist nicht ganz korrekt! Falsch überliefert. Ich war seine Geliebte.

Beschreibung der Aufgestiegenen Meister / Weiße Bruderschaft

"Die Aufgestiegenen Meister sind menschliche Wesen, die uns vorausgegangen sind. Sie haben auf der Erde gelebt und nach einer Reihe von Inkarnationen, die auf einer spirituellen Ebene sehr erleuchtend waren, eine Stufe erreicht, von der sie aufsteigen konnten. Sie wurden erleuchtet, gottgleich und somit fähig, ihre Bewusstheit auszudehnen und sich von der materiellen Welt zu befreien. Sie waren fähig, sich selbst und die Welt um sich herum zu verändern und Wunder zu bewirken. Diese Wesen müssen nicht mehr auf die Erde zurückkehren, um weiter wachsen zu können. Sie haben eine spirituelle Stufe erreicht, auf der es keine Beschränkungen, keine Form und keine Zeit gibt, keinen Klang und keine Farben. Diese Ebene ist eine Dimension des Bewusstseins und wird *Shambhala* oder die *aufgestiegene Ebene* genannt. Diese "Meister" sind nicht unsere Meister, sondern Meister ihrer selbst. Sie haben ihre Energien und ihr Licht vereinigt und existieren in einem kollektiven Bewusstsein. Die Meister haben Charakter und Persönlichkeit abgelegt und sind nur noch reine Gedanken und reines Licht, umgeben von einem vielfach facettierten Diamanten. Die Facetten dieses Diamanten repräsentieren jeweils ein gelebtes Leben. Durch diese Fenster empfangen die Meister Erfahrung und Wissen und senden ihr kollektives Bewusstsein auf die Erde, damit es von **Channel-Medien** empfangen werden und die Menschen auf ihrem Evolutionsweg anleiten kann."

http://www.andranleah.de/Aufgestiegene_Meister.htm
http://www.andranleah.de/Portia.htm

So, nun ist es raus! Nachdem die Geistige Welt nicht locker gelassen hat, und mich weiterhin angetrieben hat nun endlich mein ultimatives Rätsel zu lösen, habe ich (der Teufel scheut das Weihwasser) aus der Liste der Weißen Bruderschaft, der ich ja WISSENTLICH angehöre, den Richtigen Namen rausgesucht! Ja, ja... auf normalem Wege durch Reinkarnation geht halt nicht mehr, das war ja klar. Mir war ja klar, dass ich ein Walk-In bin mit einer etwas außergewöhnlichen Seelenwanderung, auch das andere, die Weiße Bruderschaft, war mir bekannt, jedoch hatte ich noch keinen irdischen Beweis vorzulegen. Bis eben jetzt! Nichtsdestotrotz sollte und durfte ich meinen hier gültigen Namen rechnen.

Aber der außergewöhnliche Besuch derzeit auf Erden hatte auch seine Schattenseiten: Einen ermordeten 1. Sohn und selbst zwei Mordanschläge überstanden sowie diversen Ärger mit dem Geheimdienst! Ja! Wollen wir doch die Dinge ungeschminkt beim Namen nennen!

Lemurische Priesterin war klar! Das wusste ich ja bereits. Die Plejadier haben mich während eines Angriffs mit Strahlenwaffen (Nuklear) dort gerettet und auf ihr Mutterschiff verbracht.

Ich hatte wohl in Albion größte Freude Magierin (Zauberin) zu spielen. Und war doch klar, dass ich wiederum mit Merlin am Gange war ;-)

Ist also hier meine Erinnerung auch Richtig! ;-)

Seufz... die Elohims sind zufrieden.... die gesamte Geistige Welt ist zufrieden... ich bin zufrieden... erster Auftrag ausgeführt!

P.S: Ich suche entweder: **„El Morya" Akbar (1556 - 1605), indischer Großmogul, größter Herrscher des islamischen Indien, gründete eigene monotheistische Religion, die sich jedoch nicht durchsetzte...
oder „Kuthumi", Thutmoses III (1503 - 1450 v. Chr.), Prophet der Pharaonen, der Amen Ra (Amun Re) (Sonnengott) diente... alternativ ginge auch Sananda,**

Jesus Christus... :-)
falls einer der dreien sich alsbald auffindet bitte zum „Dienst" antreten! :-) Danke! <3

Der zweite Auftrag, den Vatikan, streng genommen den Pontifex,
als Mitglied der Weißen Bruderschaft, sowie als Vertreterin des reinen Göttergeschlechts, Tochter des Amun Re, von den notwendigen Enthüllungen der in den Startlöchern stehenden „Himmlischen Heerscharen" und des Anführers Erzengel Michael zu überzeugen, erfordert noch einiges an diplomatischen Verrenkungen... ;-)

* Briefe und Berechnungen an den Vatikan, sowie eine Erläuterung
wie es überhaupt zu diesem Auftrag kam kopiere ich auf den nächsten
Seiten hier mit hinein!

Anmerkung: Das letzte (P.S) war ein kleiner Scherz den ich öffentlich gemacht hatte ;-) Natürlich hatte ich bereits meinen Thutmosis III, Akbar und Sananda gefunden – einmal abgesehen von meinem Merlin ;-)

Ausgangspunkt einer meiner maßgeblichen Missionen hier auf der Erde war der hier hineinkopierte Brief an den Vatikan als Vorbereitung zu einem nachfolgenden Schreiben, der anschließend hier vollständig verankert ist.
Die Mission ergab sich aus der Ratsversammlung auf Rigel der ich und Frank beiwohnten. Auch dieses Erlebnis habe ich hier vollständig hineinkopiert, damit

du dir ein Bild über die Motive der numerologischen nachfolgenden Berechnungen machen kannst, vor allem warum man diesen Weg wählte um die wichtigste Institution, den Vatikan, auf der Erde zu involvieren. Ziel war es die Bekanntmachungen voranzutreiben und die „Illuminaten" in die Enge zu treiben, damit der Plan der NWO abgewendet werden kann. Ausgangspunkt war Atlantis gewesen, wo die Weiße Bruderschaft mit der Schwarzen Bruderschaft eine Übereinkunft getroffen hatte, wenn die Zeit in ferner Zukunft kommt – die Zeit des Wassermanns, das Ende des Maya Kalenders, dass die Besetzer der Erde mit der Legitimation einer bestimmten Person mit einem Schlüsselcode (der bereits dort an besagtem Tag festgesetzt worden war) ihre Machtbefugnisse abgeben müssen. Hinzu sei angemerkt: Der Vatikan ist die Hauptzentrale der Illuminaten, die Zweigstelle befindet sich in Venedig. Ich weiß das ja, da ich selbst als Cosimo de Medici I verkörpert war. Nähere Informationen entnehme bitte aus dem beigefügten Link:

http://de.wikipedia.org/wiki/Cosimo_I._de%E2%80%99_Medici

http://de.wikipedia.org/wiki/Orden_vom_Goldenen_Vlies

Hier nun der erste Brief an den Papst als Vorwarnung:

An Seine Heiligkeit
Absender:
der Papst Fransiskus
Christine Inge Barth
Palazzo Apostico
Romanshorner Weg 77
00120 Citta´del Vaticano
13407 Berlin

27.6.2013

Namasté Fransiskus,

Ich ehre den Platz in Dir, in welche das gesamte Universum wohnt.
Ich ehre die Stelle in Dir, wo Liebe, Wahrheit, das Licht und Frieden ist.
Wenn Du Dich an diesem Ort befindest, befinde ich mich auch an diesem Ort in mir. Wir sind dann eins.

Anbei möchte ich Ihnen mit großer Freude ein Buch – Geschenk überbringen lassen und hoffe inständig, dass Sie es trotz der Deutschen Sprache lesen können. Möge Gott ihnen gnädig sein und Ihnen der Inhalt dienlich sein um zukünftig Ihr Hohes Amt in einigen nicht unwesentlichen Punkten zu überdenken!

Obgleich ich als getaufte Katholikin auch meine Kommunion erfahren durfte,
was ich meiner gläubigen Stiefmutter zu verdanken hatte und mich aufgrund dessen zwangsläufig mit den Bibeltexten auseinandersetzte, so stellte ich schnell fest, dass einige markante Passagen in den überlieferten Texten fehlten, unter anderem das Thema der Reinkarnation!

Sehen Sie es mir als Christin nach, dass ich hier einmal kritisch hinterfrage,
denn letzten Endes war nicht das Buch Auslöser einmal näher zu hinterfragen,
vielmehr die unabänderliche Tatsache, dass ich mich bereits als Kind an einige
meiner Reinkarnationen erinnern konnte, was ich sicherlich dem Umstand
zu verdanken hatte, dass mein „Drittes Auge" aktiviert war.

Aber ich möchte Sie keineswegs mit Fakten langweilen die Ihnen ohnehin
bereits bekannt sind, denn nicht umsonst steht der übermächtige „Pinienzapfen"
in Eurem Hof und über die Bedeutung dessen brauchen wir nicht philosophieren.

Ebenfalls möchte ich nicht unerwähnt lassen, dass mir das einstige Machtsymbol
der Obelisk des Thutmosis III. Im Vatikan aufgefallen ist und ich frage mich
selbstverständlich wozu der Pontifex ein entwendetes

Machtsymbol benötigt?

Ist es uns als rechtschaffene Christen denn nicht wichtig was wir als Lehren
aus unseren Vorleben ziehen?
Ich gehe davon aus, dass Sie als gebildeter und weiser Mann durchaus die Vorzüge, die sich aus den Erkenntnissen ergeben, begrüßen, denn, wie viel einfacher wäre doch das Amt des Pontifex, sollten sich die ihm anvertrauten Christen in jeder Hinsicht spirituell entwickeln und nicht wie seit langem degenerieren.

Ein durchaus mutiger Schritt in die wohl Richtige Richtung wäre es, dass Sie
seine Heiligkeit sich dazu durchringen könnten das Thema der Reinkarnation offiziell anzuerkennen!

Mit Verlaub möchte ich auch nicht unerwähnt lassen, dass insbesondere
die Katholische Kirche in den letzten Jahren nachdrücklich in Verruf
gekommen ist bezüglich des „Kinderschändung–Themas",
und hier stellt sich für mich die Frage als Christin und Mutter,
ob es sich nicht lohnen könnte zukünftig in ihren Reihen das Thema
grundsätzlich bei den Hörnern zu packen und zu forschen welche Vorleben
und damit verknüpfte Traumata Ihre Priesterschaft hatte durchleben müssen
um zu solchen Taten heute bereit zu sein!

Stillschweigen darüber bewahren dürfte das Problem nicht aus der Welt schaffen.
Eure Heiligkeit und ich bitte Sie sich der Angelegenheit zukünftig anzunehmen,
da augenscheinlich Ihre Vorgänger dazu nicht befähigt waren!

Bedenken Sie auch die weiteren Vorzüge sich mit der Reinkarnation
näher zu befassen, denn schließlich ist sie der Schlüssel um einem weiteren Problem, nämlich der Infiltration von Dämonischen Seelen in Ihren Reihen beizukommen.
Nachweislich, da ich mit ihnen zu tun hatte als Mediale Frau und Lichtarbeiterin, dürfte hingegen der Haus- und Hof -Exorzist auf Dauer keine zufriedenstellenden Ergebnisse mehr liefern dürfen um das Problem an der Wurzel zu packen, viel mehr wäre auch hier die Reinkarnationslehre ein effektives Mittel um langfristig eine Verbesserung der Umstände zu bewirken, denn geht man davon aus, dass bei Überprüfung der Priester, Pfarrer, Bischöfen, Kardinäle und der Nonnen ein Vorleben als Magier der Dunklen Kräfte auf diese Weise recht schnell entlarvt wäre, so wäre auch der Heilige Platz gründlich gereinigt und Gott würde sich wahrhaft geborgen fühlen im Schoße seiner christlichen Menschenkinder!

Aus gegebenen Anlass könnte Ihnen das Buch dienlich sein, sehen Sie es von daher als kleine Anregung der wiedergeborenen Maatkare – Hatschepsut,
welche nichts geringeres ist als die Tochter des erlauchten Amun Re.

Ebenso unerwähnt möchte ich lassen, dass jenes Buch, das ich Ihnen ans Herz lege, von einem wahrhaftig treuen Weggefährten, des reinkarnierten Thutmosis III. entstammt und dessen Lebensauftrag ebenso schwer wiegt wie Ihrer als Pontifex.

Aus diesem Anlass heraus erinnere ich Sie noch einmal Ergebens die Tore zu öffnen, den Pinienzapfen als das zu deklarieren was er darstellt, nämlich die Zirbeldrüse des Menschen, um eine weitere Degeneration vorzubeugen!

Auch sollte der besagte Obelisk an seinen alten Platz zurückgebracht werden,
denn es ziemt sich nicht, dass ein christlicher Pontifex sich im Namen der Macht
mit fremden Federn schmückt!

Wenn ich Sie nun etwas verärgert haben sollte, so sehen Sie es mir bitte nach,
gehen Sie bitte in sich, aktivieren Sie Ihr Drittes Auge und es würde sehen!

Zum Abschluss möchte ich sie noch einmal an meine Eingangsworte erinnern
und bin guter Hoffnung, dass Sie im Gegensatz zu Ihren Vorgängern grundsätzlich zu gerechteren Entscheidungen kommen werden, denn auch ihnen ist bewusst, dass die Menschheit nun durch die Hilfe der bereits eingetroffenen Himmlischen Heerscharen ohnehin in ein Neues – Goldenes Zeitalter geführt wird!

Hochachtungsvoll Christine Inge Barth

Meine Reise nach Rigel und der Sinn meiner numerologischen Berechnungen:

Aufgrund eines Geschehens vor wenigen Wochen, nämlich eine Reise nach Regulus und anschließend nach Rigel zu einer Ratsversammlung des dort befindlichen Konzils, nahm ich, sozusagen wie die Jungfrau zum Kinde kommt, einen Auftrag wieder mit auf unsere Erde.

Wer mich etwas kennt, insbesondere meine bereits veröffentlichten Astralreisen, der kann mir betreffs des jüngsten Ereignisses sicherlich folgen. Alle anderen möchten bitte in der Gruppe unter – Dateien – meine Datei lesen. Alternativ finden sich auch meine Erlebnisse auf der Webseite von Alfred Steinecker, sowie auf meiner Chronik unter – Info – (alle anzeigen klicken) als – Lebensereignis – gelistet.

Mein jüngstes Ereignis, (dieses Mal begleitete mich mein längster Gefährte, dieser mich durch alle meine bisherigen irdischen Verkörperungen begleitete), war in der Tat ein ganz besonderes Erlebnis, da dies im Anschluss mit einem Auftrag verknüpft war. Dieser Auftrag hatte mehrere Aspekte, der eine war grundlegend vorerst Gewissheit über meine Ich – Bin – Essenz zu erhalten, ein anderer dies anschließend jedem anderen zugänglich zu machen. Auf der Ratsversammlung auf Rigel gab man mir nämlich sozusagen das „Handwerkszeug" mit und einige wichtige Instruktionen zur Anwendung. Man könnte es durchaus als Datentransfer bezeichnen, in etwa so als würde ein PC gespeist werden und ich brauchte es nur noch abzurufen.

Grundsätzlich ist das „Handwerkszeug", nämlich die Numerologie, hier auf Erden nichts Neues und man bedient sich ihrer schon seit Jahrtausenden, auch ich hatte es bereits angewandt, aber es gab vom Rat, wie bereits erwähnt, noch einige weitere Instruktionen denen ich vorerst alleine folgte. Einige der grundsätzlichen Hinweise des Rats möchte ich hier erläutern:

Ein Jeder der auf der Erde reinkarniert hat zuvor bereits seinen späteren Namen erhalten. Dies wird bereits vor der Geburt vom Geistigen Rat mit den zukünftigen Eltern festgelegt. Es ist von daher kein Zufall oder eine Laune der Eltern, dass sie sich einen ganz bestimmten Namen für ihr Kind vor oder kurz nach der Geburt aussuchen und diesen festlegen. Der vollständige Name hat somit eine ganz bestimmte Energie und darüber hinaus ist es ein Identitätsnachweis der Seele.

Dies wäre dann somit eine wichtige Koordinate. Aus dem Namen lässt sich somit die – Ich – Bin – Identität - die Galaktische Herkunft - und die bisherigen Reinkarnationen auf der Erde nachweisen. Dies geschieht nach der Berechnung des Seelencodes mittels eines Vergleiches mit einer Person welche auf der Erde gelebt hat und bereits gestorben ist.

Selbstverständlich können wir nur uns historisch bekannte Personen heranziehen oder Personen wo wir noch alle Daten (vollständiger Name) auf dem Standesamt, im Stammbuch oder in einem kirchlichen Register abrufen können.

Letzteres gelingt erfahrungsgemäß durchaus bis ins Mittelalter hinein. Beim ersten Fall, den historischen Persönlichkeiten gelingt dies zum Teil viel weiter in die

Vergangenheit zurück. Hierzu ist uns z.B – Wikipedia und Google – sehr dienlich.

Ein weiterer wichtiger Aspekt ist unser Geburtsdatum, dieses eine weitere wichtige Koordinate darstellt. Im Gegensatz zur Astrologie ist jedoch der Geburtsort und die exakte Geburtszeit hinsichtlich dieser numerologischen Berechnung nicht erheblich.

Somit reichen die jeweiligen Zahlen (des Geburtsdatums) selbst aus um Vergleiche mit errechneten Seelencodes bereits verstorbener Personen heranzuziehen um gegebenenfalls exakte Übereinstimmungen zu finden.

Ein weiterer wichtiger Aspekt, nämlich der exakten Übereinstimmung der Seelencodes, ergibt sich in der Interpretation dessen. Nämlich, man muss folgendes wissen:

Es existieren Seelenfamilien. Diese Seelenfamilien sind sozusagen eine Überseele.

Stellt Euch das vor, als wäre die Überseele ein Haus und dort wohnen in etwa zehn bis zwanzig Familienmitglieder (Seelenanteile), diese in schönster Harmonie eine Einheit bilden. Diese Familienmitglieder reinkarnieren sogar in den meisten Fällen ausgesprochen gerne miteinander um immer wieder neue Erfahrungen im Miteinander zu machen. Die Lebens-Rollen wechseln von daher wie in einem Theaterstück ständig. Ziel ist es so effektiv wie möglich gemeinsam zur Seelenreife zu finden. Dabei unterstützen sich die Familienmitglieder gegenseitig. Was wir hier auf Erden nicht immer als segensreich empfinden mögen, sollte eine notwendige Lernerfahrung seelischen oder körperlichen Schmerz beinhalten, den sich die Familienmitglieder gegenseitig zufügen müssen um zu wachsen. Aber es gibt nicht nur diesen Aspekt, auch den der Liebe der gelebt wird. Manchmal verbleiben einige Familienmitglieder im Haus (in der Überseele) um den reinkarnierten Familienmitgliedern von dort aus Unterstützung zu geben. So fungieren sie als sogenannte Geistführer / Geistlehrer und geben den reinkarnierten Familienmitgliedern Impulse und Inspirationen, die dann als Eingebungen empfunden werden. Dies kann unbewusst oder bewusst als Channeling empfangen werden. Es findet aber definitiv immer statt.

Ein weiterer wichtiger Aspekt ist der Umstand der Zwillingsseelen. Diese gibt es tatsächlich weitaus häufiger wie gedacht. Man kann davon ausgehen, dass jede Seele mindestens eine Zwillingsseele aufzuweisen hat. Zumeist sogar mehrere. Nicht selten finden sich sogar bis zu zwanzig identische Seelen wieder. Dies spiegelt sich dokumentarisch dann in den Seelencodes wieder. Diese sind dann identisch.

Da aber auch erfahrungsgemäß nicht alle gleichzeitig und an einen Ort reinkarnieren wird man z.B in der Regel eher selten mehrere Zwillingsseelen auffinden. Einige könnten indessen auf ganz anderen Planeten reinkarniert sein.

Ein jedes gelebte Leben beinhaltet ein ganz besonderes Geschenk, nicht nur für die betroffene Seele selbst, sondern auch für die Seelenfamilie, denn das Geschenk besteht immer darin ein jedes Mal einen weiteren Seelenanteil aus der jeweiligen Reinkarnation wieder mit nach Hause zu nehmen. Es ist eine Bereicherung für die gesamte Familie und wird im übertragenen Sinne als gemeinsames Kind begrüßt und behütet. Die Überseele (Familienmitglieder) ist durch diesen

Umstand bereichert.

Diese Erläuterungen, und noch weitaus mehr, waren nun Bestandteil der Instruktionen meiner Reise nach Regulus und Rigel.

Der Rat selbst bestand aus 13 Wesenheiten verschiedener Rassenzugehörigkeiten. Sie zeigten sich mir zum Teil verkörpert und zum Teil als Lichtkörper. Dies ergibt sich meiner bisherigen Erfahrung nach aus zwei Aspekten, einmal aufgrund ihrer Seelenreife und zum anderen aus ihrer Motivation mir entgegen zu kommen. Manch ein Wesen mochte es mir visuell vereinfachen und schuf ein Körper mit seiner Gedankenkraft, ein anderes wiederum hielt mich wohl für reif genug um lediglich mit seinem Lichtkörper vorlieb nehmen zu können. Womöglich habe ich es aber auch selbst so gesehen wie ich es für Richtig hielt. Die Kommunikation fand ausschließlich telepathisch statt, was mir nicht schwer fällt, da ich darin von Beginn meines Seins hier befähigt bin und dies nicht erlernen musste. Was nicht währenddessen kommuniziert wurde hatte man mir, wie bereits erwähnt, als „Datenpaket" übertragen. Dies konnte ich später problemlos abrufen. Auch darin bin ich seit Beginn meines Seins versiert. Der Grund hierfür liegt darin, dass ich Walk-In bin und darüber hinaus selbst eine reife Seele, ein Geistwesen bin, welches schon lange nicht mehr reinkarnieren braucht und auch nicht mehr kann. Ich komme nur selten zu besonderen Anlässen als Walk-In auf die Erde, wahrscheinlich wie zur Zeit einige andere Seelen auch. Dies weiß ich deshalb, weil ich diese hier wiedergetroffen habe und wiedererkannt habe. Man erkennt sich auch im verkörperten Zustand wieder.

Ziel meines Auftrags war nun möglichst vielen Seelen hierorts diese Berechnungsgrundlagen zu veranschaulichen und eben diese den Interessierten zur Verfügung zu stellen. Denn viele fragen sich noch immer:

Wer bin ich in meiner Ich – Bin - Essenz? Wo ist mein galaktischer Ursprung?

Welche Reinkarnationen hatte ich? Könnte es sein, dass ich eine bekannte historische Persönlichkeit war? Welche Schlüsse könnte ich daraus ziehen? Habe ich derzeit eine Zwillingsseele hier auf der Erde? Wer könnte das sein? Wer gehört zu meiner Seelenfamilie? Es besteht somit durchaus berechtigte Hoffnung, dass man zumindest einige dieser Fragen beantwortet bekommt. Jedoch wurde mir nahegelegt, dass ein jeder selbst recherchieren und ausrechnen sollte, denn es gehört zum Lebensplan dies selbsttätig unter einigen Mühen zu tun. Es ist ein kosmisches Prinzip: Von Nichts kommt nichts!

Ich habe in meinen Beispielberechnungen bewusst auch aus der uns bekannten Mythologie und aus dem Bereich der Legenden / Fabeln Personen verifiziert, denn aus Erfahrung wissen wir, z:B anhand von Atlantis und Lemuria, dass sicherlich ein wahrer Kern darin zu finden ist und die überlieferten Namen möglicherweise sogar wahrhaftig sind, diese Personen existiert haben. Somit kommen auch Götter vor ebenso wie Regenten. Aber selbst sollte eine bestimmte Person nicht mit diesem überlieferten Namen existiert haben, so finde ich persönlich, weil ein Volk zu seiner Zeit ihm / ihr diesen speziellen Namen gab, dass doch immerhin die enthaltene Energie betrachtenswert ist. Somit wird

es hier nicht den ultimativen Beweis geben.
Ich persönlich hatte es etwas einfacher Wahrheit von nicht Wahrheit zu unterscheiden, somit Realität von Fiktion, da ich selbst alle meine Erinnerungen aus vorangegangenen Reinkarnationen weitestgehend abrufen kann, diese noch lebendig sind und mir im Kontakt mit alten Weggefährten bestätigt werden. Auch bin ich in der Lage Einblick in die Akasha Chronik zu nehmen und kann das eine oder andere überprüfen und vergleichen. Somit habe ich jene mythologischen Beispiele aufgelistet die der Akasha Prüfung Stand gehalten haben oder wo ich eindeutig und klar ein deutliches O.K aus der Geistigen Welt erhielt.

Wer hier Interesse, Freude und Ehrgeiz hat, dem wird auch aus der Geistigen Welt, aus der höheren geistigen Ebene des Seins geholfen werden. Dies ist meine Erfahrung der letzten Wochen! Ich gebe euch somit einige meiner erarbeiteten Errungenschaften als Beispiel zur Hand damit ihr eine Anleitung habt. Auch mache ich darauf Aufmerksam, dass dieser Weg nur einer von vielen möglichen Wegen sein kann um den Schleier zu lüften. Es gibt auch noch andere bewährte Wege. Einer wäre zu warten und zu hoffen. All dies ist legitim, denn es ist ein Weg.

Der zweite und detaillierte Brief an den Vatikan (Die Schlüsselübergabe):

An seine Heiligkeit der Papst Fransiskus

19.9.2013 Palazzo Apostolico
00120 Citta del Vaticano
Italien (Rom)

Namasté

Fransiskus

In den folgenden Entschlüsselungen möchte ich meine Identität preisgeben und zum Ausdruck bringen, dass ich gerechtfertigt bin Ihnen den "Schlüssel" zu überbringen. Der "Schlüssel" bin ich selbst und darüber hinaus * Frank von Falk *. Das erste publizierte Werk "Lexikon der Reinkarnation" liegt Ihnen bereits vor, das zweite Werk "Das Buch Thutmose" düfte ihnen bereits zugesandt worden sein. Ich habe diese Berechnungen numerologisch nach bekannten irdischen Grundlagen erstellt, damit es für Sie nachvollziehbar ist. Meine Erinnerungen meiner Vorleben, niedergeschrieben als Teil meiner hierorts publizierten Bücher, dienen hier nur der Ergänzung und Erläuterung, um zu belegen, dass eine Seele sich ihrer Reinkarnationen und deren Quintessenz bewusst sein kann, was zahlreiche Vorzüge birgt. Grundlage allen Seins ist die Wahrheit und mit Verlaub gesagt, befindet sich die hiesige Gesellschaft in einem bedauernswerten Zustand der Halbwahrheiten und Lügen. Dies kann nicht tolerierbar und Zukunftsträchtig sein.

Die Schlussfolgerungen entnehmen Sie bitte selbst aus den Ihnen nun vorliegenden Berechnungen und Hinweisen, zum Teil selbst aus meiner Feder stammend, zum anderen Teil durch Belege aus Wikipedia. Betrachten Sie mich bitte als Gesandte, nicht nur als Überbringerin des Schlüssels. Ich hatte Ihnen bereits vor einigen Wochen ein Buchgeschenk mit einem Begleitbrief gesandt und rufe mich hiermit noch einmal als Abgesandte des * Amun Re * in Erinnerung. Derzeit ist mein Vater * Amun Re * verkörpert und weilt auf einem der Mutterschiffe plejadischer Herkunft. Ich als seine derzeit hier auf Erden verkörperte Tochter, als "Walk-In", habe den Auftrag erhalten Sie zu kontaktieren. Ich bringe Kunde darüber, dass nun gemäß der Christus – Energie und des einströmenden "Lichts" der Zentralsonne Alcyone die "Himmlischen Heerscharen" um Erlaubnis bitten in offizieller Weise den Planeten Erde zu besuchen. Wir bitten Sie daher aufgrund des Protokolls vorab eine Ankündigung an die auf der Erde befindlichen Menschen zu machen. Sie als Pontifex und Bewahrer des Christentums erscheinen uns in vollem Umfang geeignet dies umzusetzen.

Hochachtungsvoll Christine Inge Barth

Botschaft des * Amun Re *

Aufgrund des Göttlichen Dekrets der Nicht-Einmischung in die Belange der Erde, ist es erforderlich, dass wir derzeit irdisch verkörperte Seelen mit der Botschaft beauftragen. In diesem Fall meine leibliche Tochter, diese sich derzeit durch eine legitime Seelenwanderung der irdisch legitimierten Christine Inge Barth verkörpert hat.

Sowie ermächtigt, von mir genannt ist die derzeit verkörperte Seele

F. J. H. R. sowie M. L. im vollem Vertrauen. Wir bitten Sie hiermit unsere Abgesandten anzuhören. Das Wohl des Planeten und derer Seelen steht an erster Stelle, dies sollten Sie bei Ihrer Entscheidung mit einbeziehen.

Es steht Außer Frage, dass die Bewohner des Planeten Erde durch eine offizielle Bekanntmachung Ihrerseits die Gelegenheit erhalten darüber eigenständig und frei zu entscheiden, ob sie einen unmittelbaren Kontakt mit uns wünschen. Derzeit sind rund 1,6 Millionen "Walk-In" Seelen Anunnaki-Herkunft auf der Erde legitim verkörpert. Ebenfalls befinden sich derzeit rund 1,5 Millionen Seelen sirianischer Herkunft als "Walk-In" verkörpert. Sie befinden sich derzeit in den von ihnen vorgesehenen Schlüssel-Positionen in der Politik, Wirtschaft, den Medien und im Vatikan. Der Hintergrund meines Ersuchens sollte Ihnen somit als gebildeter Mann geläufig sein und bedarf vorerst keiner näheren Erläuterungen. Diese erhalten Sie durch meine Abgesandten.

Die Identitäten und daraus folgernd die Legitimationen meiner Abgesandten entnehmen Sie bitte aus den Berechnungen welche meine Tochter nach irdisch bekannten numerologischen Richtlinien in meinem Auftrag und der Ihnen bekannten "Himmlischen Heerscharen" erstellt hat. Ich mache Sie drauf Aufmerksam, dass Sie aufgrunddessen als Pontifex ermächtigt und verpflichtet sind sich der Angelegenheit ernsthaft und aufrichtig anzunehmen. Selbst meiner handelt im Auftrag des Erzengel Michael.

Namasté * Amun Re *

Absender:

Christine Inge Barth
Romanshorner Weg 77
13407 Berlin
Deutschland

Anhang zum Brief:

Kammer des Wissens / Kammer der Weisheit / ODO SAM TACHAYEH

Betrachten wir uns einmal folgenden Satz von: THOT (1 – Der Magier) - (Hüter der Kammer des Wissens)

* 7 = ist der Herr der Weiten, Meister des Raumes und Schlüssel der Zeit... Groß ist die Weisheit der 7, mächtig sind sie aus dem Jenseits. Sie manifestieren sich durch ihre Macht und sind erfüllt mit Kraft des Jenseits.

* 5 = ist der Meister, der Herr von aller Magie – SCHLÜSSEL für das Wort, das widerhallt unter den Menschen...

* 9 = ist der Vater, riesigen Angesichts, formend und verändernd aus der Formlosigkeit heraus...

Was also möchte uns THOT damit sagen?

Er sagt: Da gibt es Jemanden der den SCHLÜSSEL überbringen wird!

Mächtig ist diese Seele! Mächtig aus dem Jenseits!

Sie sind erfüllt mit der Kraft (des Löwen) des Jenseits

Sie manifestieren (verkörpern) sich aus dem Jenseits (der Geistigen Welt)!

Nun, wer ist nun gerechtfertigt und trägt das Zeichen "7"?

Wer ist gerechtfertigt um die Gerechtigkeit (Maat) herzustellen?

Wer ist gerechtfertigt sich das "Auge Gottes", das "Allsehende Auge" zu eigen zu machen?

Beginnen wir mit der überlieferten Historie:

1. TEFNUT – DER LÖWE – DIE WAHRHEIT

Tefnut (auch Tefnet; weitere Beinamen: „Nubische Katze", „Wahrheit") ist eine altägyptische Göttin, die zu den neun Schöpfergottheiten der heliopolitanischen Kosmogonie (Enneade von Heliopolis) gehört.

Schu und Tefnut bildeten das Paar, das die Götter erzeugt hat: sie gelten als Eltern des Erdgottes Geb und der Himmelsgöttin Nut. Überall, wo Tefnut erwähnt wird, geschieht dies zusammen mit Schu, sie sind die Zwillinge schlechthin. Auch wird Tefnut nicht als Löwin, sondern als nubische Katze beschrieben. Wenn aber Zorn sie packt, verwandelt sie sich immer wieder in eine „wilde Löwin". Tefnut ist die Uräusschlange, die zugleich als Sonnenauge wirkt. Im Mythos Die Heimkehr der Göttin heißt es:

> „Der Festjubel ist mit dir fortgezogen, die Trunkenheit verschwand und wurde nicht gefunden. Schlimmer Streit ist in ganz Ägypten. Der Festsaal des Re ist erstarrt, die Trinkhalle des Atum ist bedrückt. Sie alle sind mit dir fortgezogen und haben sich vor Ägypten verborgen. Man ist in Heiterkeit unter den Nubiern." – DIE HEIMKEHR DER GÖTTIN, DEMOTISCHER PAPYRUS

Die ungebändigte Kampfeslust der Löwin entlädt sich nun in ihrer Macht als Stirnschlange des Re. Der Papyrus Harris sagt: „Wenn Re den Himmel jeden Morgen durchfährt, dann ruht Tefnut auf seinem Haupt und sendet ihren Feuerhauch gegen seine Feinde". Die Doppelseitigkeit ihres Wesens kommt auf einer Inschrift in Philae zum Ausdruck: „Als Sachmet ist sie zornig, als Bastet fröhlich". Beide, Sachmet, die grimmige Löwin, und Bastet, die heitere Katze, sind in Tefnut vereint. Nach der späteren Verschmelzung der Götter Atum und Re zu „Atum-Re" wurden Schu und Tefnut damit auch zu Kindern des Re. Dargestellt wurde Tefnut menschengestaltig mit einem Löwenkopf oder in ihrem Hauptkultort Leontopolis (Löwenstadt) als Löwe. Sie trägt eine Sonnenscheibe auf dem Kopf, die von zwei Schlangen umringt ist. Daher trägt Tefnut auch den Beinamen „Herrin der Schlange" oder „Stirnschlange am Haupte aller Götter". Die Seherin und die Hörerin ist eine im zweiten Jahrhundert n.Chr. Niedergeschriebene Tierfabel, die im Rahmen einer altägyptisch-demotischen Erzählung im Papyrus Die Heimkehr der Göttin geschildert wird. Die Erzählung fußt auf einer älteren Vorlage, deren Abfassungsdatum jedoch schwer einschätzbar ist. Einige ältere Sprachformen, die der Schreiber dem Leser wegen der Unverständlichkeit erklären muss, lassen die Möglichkeit zu, dass Teile des Originaltextes bis in die Zeit des Neuen Reiches (1550 v. Chr. Bis 1070 v. Chr.) zurückreichen.

„Sie verwandelte sich in die Gestalt einer wütenden Löwin, die sechs Gottesellen lang war. Sie schlug ihren Schweif nach vorne vor sich. Ihr Unterleib rauchte von Feuer. Ihr Rücken hatte die Farbe von Blut. Ihr Gesicht hatte den Glanz der Sonne. Ihre Augen gluteten von Feuer. Ihre Blicke loderten wie eine Flamme. Sie schlug mit ihrer Pranke, da staubte der Berg. Sie fletschte die Zähne, da loderte Feuer aus dem Berg hervor."

Thot, der Tefnut als zornige Löwin mit Sachmet verglich, entschuldigte sich für seinen Zeitverzögerungsversuch und bat sie, wieder die vorherige Gestalt einer Katze anzunehmen. Nachdem Tefnut die Entschuldigung angenommen hatte und sich wieder als „schnurrende nubische Katze" präsentierte, leitete Thot die zweiteilige Tierfabel ein.

Quelle: Wikipedia

2. HATSCHEPSUT (Maatkare) – DIE LÖWIN – SIEBEN (7)

Auszug aus einem Reisebericht nach Tibet in

eines der Klöster:Von Christine Inge Barth

Was möchte mir das Schicksal mitteilen? Sollte ich aufgeben oder besser laut ausrufen: „Jetzt erst Recht! Es mag einen triftigen Grund geben für dieses Ereignis, also mache ich mich auf den Weg der Suche und finde!" Ich entschied mich für letztere Variante mit einer Entschlossenheit einer Löwin!Warum ausgerechnet nach Tibet, oder besser gesagt nach Nepal? Ich hatte nur eine Nacht vor meiner endgültigen Entscheidung einen Traum, dieser war schon beinahe kurios, weil ein weißes Kaninchen über den „Dächern der Welt" hüpfte und mir pausenlos zurief: „Komm doch ins Königreich Shambhala du Löwin!" Was es mit der Begrifflichkeit der Bezeichnung „Löwin" auf sich haben sollte, dass jedoch, fand ich allerdings erst viel später heraus, aber der Zuruf des Kaninchens veranlasste mich zu forschen was es mit dem sagenumwobenen „Shambhala" auf sich haben könnte und ich fand hier die Information in einer Bibliothek. … Auf nach Tibet! Und so geschah es auch.Dort überreichte mir der Vorsteher ein Skript, welches nur für mich bestimmt war:

Ein Sendbrief von Thutmosis I. für:

Hatschepsut
Große königliche Gemahlin
Thutmosis II.
Gottesgemahlin des Amun
(Pharao)

(Brief kennst du ja bereits, so habe ich das nicht noch

einmal hier hineinkopiert)

3. SESCHET (Seschat) – DIE SIEBEN (7) – DIE SCHREIBERIN

Seschat (auch Seschet; ägypt. *die Schreiberin*) **war eine altägyptische Gottheit, die in den Bereichen des Schreibens, der Buchhaltung und des Ahnenkultes tätig war. In dieser Funktion war sie zugleich die Schutzherrin des Königs (Pharao), der Tempelbibliotheken und der Baumeister.**

Seschat wurde als Frau dargestellt. Häufig trug sie wie die Sem-Priesterschaft ein Pantherfell und ein Stirnband, an dessen Verlängerung eine siebenblättrige Blüte oder siebenstrahliger Stern prangt. Seschat kam auch eine Rolle im Totenkult zu. Zusammen mit der Göttin Nephthys sollte sie die Gliedmaßen der

Verstorbenen rituell reinigen, um die Verstorbenen für das spätere Weiterleben in der Duat vorzubereiten. Sie sollte auch in Beziehung zu dem Gott Thot stehen. Allerdings wechselte der Charakter dieser Verwandtschaft, so dass sie sowohl als seine Schwester, seine Tochter, als auch als seine Gattin dargestellt wurde.

Quelle: Wikipedia

Fassen wir noch einmal zusammen:

1. LÖWE / NUBISCHE KATZE
2. SIEBEN (7)
3. SCHREIBERIN
4. TOTENKULT / Ahnenkult
5. VERBINDUNG ZU THOT - Wer ist THOT?

Thot (oder)Thoth,Tehut, Tahuti, Djehuti) ist in der **ägyptischen Mythologie** der **ibisförmige** oder **paviangestaltige** Gott des Mondes, der Magie, der Wissenschaft, der Schreiber, der **Weisheit** und des Kalenders. In den **Pyramidentexten** galt Thot als Gott des Westens.

Quelle: Wikipedia

Nun kommen wir zu mir – CHRISTINE INGE BARTH

Numerologische Analyse / Seelencodes:

Christine Inge Barth   9   7   2 (7+2 = 9)
9   = 9

Aufgelistet: Namenszahl – Äußere Werte – Innere Werte – Quintessenz (Äußere – Innere Werte) – Gesamt

Zum Vergleich – THOT - CHRISTUS

Thot	9	3	6 (6+3 = 9)
9	= 9		
Christus	9	6	3 (6+3 = 9)
9	= 9		

Aufgelistet: Namenszahl – Äußere Werte – Innere Werte – Quintessenz (Äußere – Innere Werte) – Gesamt

CHRISTINE INGE BARTH – GEBURTSTAG

7.6.1965 = vorhandene Zahlen = 1, 5, 6, 7, 9

Zum Vergleich – TEFNUT / SESCHET / HATSCHEPSUT

Seschet (Seschat)	7	1	6
7	= 5		
Tefnut	7	1	6
7	= 5		
Beide:	7	1	**6 / 9 (1+9 = 10 = 1)
7 / 1 (= 7+1+9+1 = 18 = 9) = 9			
Hatschepsut	5 (2)*	5	9 / 6
5	= 1 / 7		

Aufgelistet: Namenszahl – Äußere Werte – Innere Werte – Quintessenz (Äußere – Innere Werte) – Gesamt

Vorhandene Zahlen: 1, 5, 6, 7, 9

* Anmerkung: Da Hatschepsut eine Frau ist kann man den Zahlenwert **5** (Der Hohepriester)

auf eine **2 (Die Hohepriesterin)** umwandeln. Beziehen wir auch den Aspekt der Zwillingsseele mit ein, so ergäbe sich aus dem Wert 5 / 2 (5+2) eine weitere Energie: 7.

** **6** und **9** sind Umkehrzahlen und können umgewandelt werden.

Ergibt aus der Tabelle heraus folgende Übereinstimmung mit den o.g Zahlen
aus dem Geburtsdatum von Christine Inge Barth – 7.6.1965 -

1, 5, 6, 7, 9

SCHICKSALSZAHL – CHRISTINE INGE BARTH

7+6+1+9+6+5 = 34 = 3+4 = **7**

SCHICKSALSZAHL Anno 2013 – CHRISTINE INGE BARTH

7+6+2013 = 19 = 1+9 = 10 = **1 (Der Magier / Thot)**

Erinnern wir uns:

2. SIEBEN (7)
5. VERBINDUNG ZU THOT (1)

Nun kommen wir zu:

3. SCHREIBERIN (SESCHET)
4. TOTENKULT / Ahnenkult (SESCHET)

BERUF – CHRISTINE INGE BARTH =

SCHRIFTSTELLERIN (Schreiberin)
Publizierte Bücher:

1. "Die Göttin – eine magische Reise durch das Leben" *Copyright © 2008*
2. "Die Göttin – eine Reise ins Licht" **Copyright © 2009**
3. "Die Göttin – die Reise nach Jamaika" **Copyright © 2009**
4. "Xaymaka – der Schlüssel" **Copyright © 2009**

Fazit: DIE GÖTTIN – DER SCHLÜSSEL

DER TOTENKULT – Inhalt des **1.** Buches / Auszug:

Astralreise

Aus dem Buch „Die Göttin – eine magische Reise durch das Leben" von Christine Barth

Oft sind es gerade die unvorstellbaren Traumbilder die uns Hinweise auf ein ganz bestimmtes Thema aus dem karmischen Vorleben liefern können. Wie eben hier in diesem Fall ein wahrhaftig prägnante Astralreise in eine meiner Vorleben...

Ich stehe vor einem aus Sperrholz gezimmerten Sarg und darin liegt eine rundliche, dunkelhäutige Frau im Alter von etwa fünfzig Jahren. Sie ist tot. Offensichtlich, denn ich weiß, dass sie in Kürze beerdigt werden soll. Dennoch, kurz bevor es dazu kommt schaut sie mich tiefgründig an und verkündet: „Ich bin noch nicht tot! Was wollt ihr von mir? Was habt ihr nur vor? Ihr könnt mich doch noch nicht beerdigen!"

Ich antworte etwas verunsichert, denn hatte ich nicht gerade ihre Stimme gehört: „Aber soeben wart ihr doch noch tot. Ihr seit schon vor ein paar Tagen gestorben. Das ist sicher! Euer Herz hat aufgehört zu schlagen!"

Die arme Seele in dem Sarg liegt da, vollkommen bewegungslos und doch spricht sie mit mir: „Ich habe Angst. Ich will nicht unter die Erde. Es ist doch so dunkel und staubig! Meine Seele ist doch noch in mir und spricht mit dir. Du hörst mich doch!"

„Ja, in der Tat, ich kann dich hören! Aber was kann ich nur tun? Dein Körper wird von Stunde zu Stunde immer mehr verwesen. Verzeih, aber was kann ich da nur tun? Schon jetzt sieht man es dir an, dein Körper der einst so voller Leben war zerfällt. Und doch kann ich dich wohl nicht beerdigen solange noch Leben in dir ist."

Ich bin entsetzt und traurig, denn ich weiß keinen Rat. Ich schließe die Augen, richte meine Gedanken auf mein Inneres in der Hoffnung, dass das „Hohe Selbst" hier eine Lösung findet, öffne wieder die Augen und sehe wieder einen Sarg aus Sperrholz der ebenfalls im Staube liegt. Darin befindet sich nun nicht mehr die rundliche, dunkelhäutige Frau, nein, nun liegt ein sehr junges, ebenfalls dunkelhäutiges Mädchen darin. Kaum hat ich sie erblickt spricht dieses Mädchen laut und vernehmlich: "Aber auch ich bin noch nicht tot! Seht doch nur! Ich kann mit euch doch sprechen. Meine Seele, mein „Ich" ist doch noch in dieser Welt. Ich habe Angst, bitte werft mich nicht in die dunkle Grube bedeckt mit Staub! Ich war so krank und nun das! Lasst mich bitte hier liegen und Abschied nehmen!"

„Das würde ich doch gerne tun und doch, schwarzes

Mädchen, bitte bedenke, auch du wirst wie diese ältere Frau sehr bald vor unseren Augen verrotten!" Eine Träne rollt dem Mädchen aus den Augen und mir wird klar, dass diese Seele noch lebt, auch wenn der Körper hier an diesem Ort bereits langsam verwest. Es ist heiß hier an diesem Ort. Schaue ich mich um, so ist es gewiss, dass ich hier auf Afrikas Boden stehe. Er ist trocken und staubig, so wie meine Füße und die Särge mit den zwei Toten. Es ist ein mir wohl bekanntes Land, ein Land mit roter Erde und ich bin so ganz in Gedanken versunken. Ich weiß, ich muss hier jetzt schnell eine Lösung finden, das Rätsel um die Toten und das Begräbnis muss ich schnell lösen.

Nun befinde ich mich in einem Wasserloch. Es ist schmutzig das Gewässer, überall schwimmt so etwas wie Stroh herum, es scheinen die Halme der Papyruspflanze zu sein, es irritiert mich aber keineswegs, denn sie sind mir wohl bekannt. Ich weiß, ich bin nun hier um darüber nach zu sinnen was ich jetzt tun sollte. Da erscheint die geisterhafte Gestalt der erst kürzlich verstorbenen älteren Frau. Sie schwimmt nun zu mir und spricht:

„Siehst du! Nun verrottet mein Körper schon und doch kann ich immer noch mit dir sprechen. Dort wo du badest, da war einmal ein Stall für die Esel, ich hoffe dich stört das nicht!"

„Nein, überhaupt nicht. Aber ich weiß immer noch keine Lösung! Warum bist du mir gefolgt?"

„Um dich zu warnen. Dein Mann, den du von Herzen liebst, mit ihm verbunden bist, dem geht es ebenso wie mir. Sein Herz hat heute aufgehört zu schlagen und ihn ereilte jetzt dasselbe Schicksal. Auch wenn sein Körper verrottet, so ist seine Seele, sein Geist doch noch bei dir. Das wollt ich dir sagen!"

Traurigkeit erfasst mich, mein Herz zerspringt vor

Schmerz. Ich fühle mich ganz einsam in dieser Welt, umso mehr, als ich immer noch keine Lösung weiß. Ich sehe diese Seele an und sage: „Ach, was soll ich nur tun? Auch wenn er verrottet, so wie ihr, so ist er doch immerhin noch mit meiner Seele verbunden. So wird er immer bei mir sein und auch mit mir sprechen. Es ist ein Trost! So werde ich nicht ganz einsam sein!"

...Urplötzlich ereilt mich ein Gedanke. Wie ein heller Geistesblitz leuchtet er in meinem Inneren auf und ich verlasse geschwind das braune Wasser und die ältere Dame. Ich eile zu all den Toten, es sind viele zurzeit, denn eine sehr rätselhafte Krankheit hat sie allesamt ausgezehrt. Sachmet, die ungnädige Göttin hatte wohl ihre Hand im Spiel. Hatten nicht alle das Glückszeichen „Anch" als Amulett getragen, sollte es nicht das Symbol für das ewige Leben sein? Was hatte es genutzt? Und doch versteht sie plötzlich wie das wohl gewirkt hatte, denn man kann die Körper nicht ewig retten, aber die Seele schon. Ich gehe nun zum Tempel und stehe jetzt vor dem großen Bildnis, welches einen Schakal zeigt, hier in aller Munde auch „Anubis" genannt.

„Anubis, Ich bin heute schon zweimal „Ba", der unsterblichen Menschenseele, begegnet und wenn sie mir nicht als Vogel mit Menschenkopf ansichtig wurde, so weiß ich doch, dass sie zu mir sprach! Ich habe eine Eingebung. Ich soll die Toten einbalsamieren und so ihren Körper erhalten! Ich brauche deinen Zuspruch!"

„Ja, Frau, das war das „Ka" der Menschenwesen, die Körperschatten der Verstorbenen. Du sollst heute zum heiligen Gotteswiegler werden und damit zum Einbalsamierer. Vergiss jedoch das Ritual zur Mundöffnung nicht, denn sonst kann man die Mumie nicht wiederbeleben."

„Wo soll ich denn alle hinbringen lassen?"
„Lasse sie in das „Haus der Ewigkeit" bringen. Was ist denn dein Leittier kleine Frau?"
„Meines ist der Falke, der stets von Kindesbeinen an zu mir kommt und sich auf meine Hand setzt. Auch die Uto-Schlange ist mein Leittier, denn diese biss mich vor Jahren und trotzdem blieb ich gesund. Das Gift konnte mir nichts anhaben. Auch die Biene ist mein Leittier, denn solange ich denken kann habe ich ein Amulett mit ihr als Bild darauf."
„Was hast du mit Papyrus zu schaffen?"
„Nichts, mein Gott. Ich kann doch nicht schreiben."
„Heute musst du aber mit Papyrus etwas zu schaffen gehabt haben, ich sehe es in deinem Haar!"
„Oh! Ja, aber ich habe doch nur im Teich gebadet und dort schwammen diese Halme. Aber was hat das alles denn mit dem Einbalsamieren zu tun?"
„Viel, kleine Frau! Vielmehr als du glaubst! Du kommst aus Unterägypten, denn du nanntest mir alle Symbole aus Unterägypten. Da du nun alleine bist in dieser Welt, ohne deinen Mann, so lasse dir sagen: Gehe zum Tempel zu den Priestern. Sie werden dich dort einweihen in die Wissenschaft. Das ist dein Lebensziel, denn du hast dich heute sehr würdig erwiesen. Wende dich in Zukunft an „Thot", er ist für dich zukünftig zuständig. Er ist der Gott der Wissenschaft, der Magie und der Schreibkunst. Du wirst ihn schon erkennen, er ist als Ibis dargestellt. Gehe! Sehe es als Ehre an, denn du sollst zukünftig am Königshof wirken. Das sagt mir dein Leittier der Falke. Er, der Horus, hat es einst bestimmt für dich, dann wenn die Zeit reif ist. Er ist der Falkengott und Beschützer des Pharao. Gehe jetzt und lerne, erfülle deine Aufgabe, auch du sollst einmal den Pharao beschützen!"

Ich gehe zurück zu den Toten, nehme die Leiber an mich und balsamiere sie nun alle ein. Es dauert viele Wochen, denn erst müssen sie in Salz vertrocknen und dann erst können sie ins „Haus der Ewigkeit". Dort vergesse ich auch die wichtige „Mundöffnung" nicht und nun liegen sie an einem ruhigen, kühlen und trockenen Ort unter der Erde. Aber ich konnte mein Versprechen halten, dass ich keine Erde auf sie schütten würde und sie nicht im Staube ersticken. Es erfüllt mein Herz und so gehe ich nun den langen Weg um mein Schicksal zu erfüllen und laufe den langen Weg zu den Priestern des Pharao. Rote Erde bedeckt meine Füße, es ist trocken und heiß und doch hält mich das nicht ab. Mein Haar ist eingehüllt in roter, staubiger Erde und sieht aus wie eine rote Krone. Da fällt mir ein, auch die rote Krone ist ein Symbol für Unterägypten und nun bin ich mir nun ganz sicher, wo ich bin und gehe dem guten Gefühl entgegen...

Lasse ich diesen merkwürdigen Traum noch einmal Revue passieren, so stelle ich fest, wie sehr ich doch mit „Thot" verbunden bin. Ist es nicht auch heute in meinem jetzigen Leben so, dass ich doch alle diese Attribute aufzuweisen hatte? Die Schreibkunst – die Wissenschaft – Die Magie. Dies alles, so nach und nach, inzwischen in vollkommener Perfektion und immer wieder im Streben nach mehr Perfektion. Nun weiß ich, welchen Anlass es einst gab dort bei den Priestern zu verweilen und dort alles lernte. Wie ich feststelle erinnere ich mich daran!

BERUF – CHRISTINE INGE BARTH = MEDIUM (Hellsichtig / Hellfühlig),
PROPHETIN (Zukunftsdeuterin), PSI TALENT (Geistheilerin), Schreiberin

Erinnern wir uns an THOT = MAGIER! = **1**

Kommen wir noch einmal zu:

1. LÖWE / NUBISCHE KATZE – TEFNUT (Bastet?)

Auszug "Die Kammer des Wissens"

aus dem Buch "Die Göttin – eine magische Reise durch das Leben"

1. Buch von Christine Barth – ist bereits im 2. Teil enthalten.

Fassen wir zusammen:

Pyramide (Cheops – Pyramide), Kammer der Weisheit (Sphinx) =
THOT (Hüter der Kammer des Wissens)
Shiva (Löwenartiger Gott)

Fassen wir noch einmal zusammen:
1. LÖWE / NUBISCHE KATZE (Tefnut / Hatschepsut)
2. SIEBEN (7) (Seschet / Hatschepsut)
3. SCHREIBERIN (Zahlenberechnungen) (Seschet)
4. TOTENKULT / Ahnenkult(Seschet)
5. VERBINDUNG ZU THOT (Tefnut / Seschet / Hatschepsut)

Verbindung zu Thot – Hatschepsut:

Im Terrassentempel von Deir el-Bahari **ist der Bericht von Königin Ahmose zu lesen:**

> „Amun-Re **hatte in** Theben **eine wunderschöne Frau gesehen. Deshalb schickte Amun-Re** Thot**, um mehr über sie zu erfahren. Nach dem Bericht ging Amun nach Theben und nahm die Gestalt des Gatten an. Er fand sie schlafend, aber sie erwachte vom Duft des Gottes. Amun-Re verliebte sich in sie, kam ihr näher und Königin Ahmose erkannte in ihm die göttliche Gestalt des Amun-Re. Sie erfreute sich, küsste ihn und sprach: ‚Wahrlich, es ist herrlich dein Angesicht zu sehen, das als Glanz meinen Gatten umgibt.' Amun-Re antwortete: ‚Der Name meiner Tochter, die ich Dir in den Leib gelegt habe, soll deshalb auch Hatschepsut lauten, wie Du es selbst mit eigenen Worten aus deinem Munde gesagt hast. Hatschepsut wird das treffliche Amt des Königs ausüben im ganzen Land.'"** - Quelle: Wikipedia

Erinnern wir uns:

2. SIEBEN (7) – (SIEBENgestirn / Plejaden) = Herkunft Christine Inge Barth

9 = Abstammung (Christine Inge Barth) = ANUNNAKI = Planet Niburu:

Christine Inge Barth = 9	9	7	2 (7+2 = 9)	9
(Thot = 9)	9	3	6 (6+3 = 9)	9

Aufgelistet: Namenszahl – Äußere Werte – Innere Werte – Quintessenz (Äußere – Innere Werte) – Gesamt

Stammvater (Anunnaki) ANU:

Anu (Anunnaki) = 9	9	4	5 (4+5 = 9)	9

Aufgelistet: Namenszahl – Äußere Werte – Innere Werte – Quintessenz (Äußere – Innere Werte) – Gesamt

UR-STAMMVATER (Gott) AMUN RE:

Amun Re = 9	9	9	9	9

Aufgelistet: Namenszahl – Äußere Werte – Innere Werte – Quintessenz (Äußere – Innere Werte) – Gesamt

VATER AMUN RE von: TEFNUT / SESCHET – (da

beide identisch sind, siehe Berechnungen)
HATSCHEPSUT
Anmerkung: Historisch / Mythologisch belegt.
(Quelle: Wikipedia)

Fassen wir zusammen: 2. SIEBEN (**7**)

Christine Inge Barth: 9   7   2 (7+2 = 9)   9
= 9

Christine Inge Barth * 7   7   2   7
= 5

* Mit Geburtstag gerechnet – 7.6.1965

Aufgelistet: Namenszahl – Äußere Werte – Innere Werte – Quintessenz (Äußere – Innere Werte) – Gesamt
Schicksalszahl: **7 (ergibt sich nur aus dem Gebrtsdatum: 7+6+1+9+6+5 = 34 = 3+4 = 7)**

Jahres- Schicksalszahl (2013) = 7.+6+2+013 = **1 – Der Magier** = **THOT**

Tochter der Hatschepsut – (CHRISTINE INGE BARTH):

Nefuru Re*   9   2   7 (7+2 = 9)   9
= 9

Aufgelistet: Namenszahl – Äußere Werte – Innere Werte – Quintessenz (Äußere – Innere Werte) – Gesamt
*Tochter von Hatschepsut und Thutmosis II. (Offiziell)

Thot (- **1** – Der Magier) sagt:

* 5 = ist der Meister, der Herr von aller Magie –

Schlüssel für das Wort, das widerhallt unter den Menschen...

Hatschepsut :   5 / (2)*   (5   9) = 5   5 = 1 / 7

Aufgelistet: Namenszahl – Äußere Werte – Innere Werte – Quintessenz (Äußere – Innere Werte) – Gesamt

= Zahlen: 1 – 5 – 7

* 7 = ist der Herr der Weiten, Meister des Raumes und Schlüssel der Zeit... Groß ist die Weisheit der 7, mächtig sind sie aus dem Jenseits. Sie manifestieren sich durch ihre Macht und sind erfüllt mit Kraft des Jenseits.

Seschet (Seschat):   7   (1   6 /9) = 7   = 5

Tefnut: 7   (1   6/9) = 7   = 5

Aufgelistet: Namenszahl – Äußere Werte – Innere Werte – Quintessenz (Äußere – Innere Werte) – Gesamt

= Zahlen: 1 - 5 – 7 – 9* (*) - Beachte: Umkehrzahl 6 / 9

* 9 = ist der Vater, riesigen Angesichts, formend und verändernd aus der Formlosigkeit heraus...

Amun Re: Namenszahl: 9   (9   9) = 9   9   = 9

Thutmosis I. / II: / III.:   9   (9   9) = 9   9   = 9

Christine Inge Barth: 9   (7   2) = 9

9   = 9

Nefuru Re: 9   (2   7) = 9
9   = 9

Aufgelistet: Namenszahl – Äußere Werte – Innere Werte – Quintessenz (Äußere – Innere Werte) – Gesamt

Vorhandene Zahlen Gesamt aus den Tabellen: 1 – 5 – 7 – 9 / 6*
(*) - Beachte: Umkehrzahl

Geburtstag Christine Barth: 7.6.1965 = Schicksalszahl: 7

Hatschepsut sagt:

ICH BIN die 5 und bin der "Herr" von aller Magie! – die 1 - SCHLÜSSEL

für das Wort (Schrift – 7 -), das widerhallt unter den Menschen! ICH – die 1 - Thot - Der Magier, jener, der die Zahlen 6 und 9 umdreht ist hier in Berlin (2+5+9+3+9+5 = 6 =9), Postleitahl (1+3+4+0+7=15=1+5=6=9) in der Hausnummer 77 (=7+7=14=5) – ICH BIN die 5 und 1 = 6 / 9 und bin HIER!

Seschet sagt:

ICH BIN die 7 und bin der "Herr" der Weiten, des Raumes (Plejaden - Siebengestirn) und der SCHLÜSSEL DER ZEIT – die 7 – (Scicksalszahl von Christine Inge Barth = 7)... groß ist die WEISHEIT (des Eremiten – der 9)... der 7... mächtig sind sie aus dem JENSEITS (Geistige Welt), sie MANIFESTIEREN (verkörpern) sich durch ihre Macht und sind erfüllt mit der KRAFT (des Löwen) des Jenseits!

Tefnut sagt:

ICH BIN die KRAFT – DER LÖWE – und ICH BIN (spreche) WAHRHEIT!

Amun Re sagt:

ICH BIN die 9, der Ur - VATER von Christine Inge Barth, denn ich bin der Vater riesigen Angesichts, formend (verkörpernd) und verändernd

(Seelenwanderung) aus der Formlosigkeit (Nicht - Verkörperung) heraus!

Christine Inge Barth sagt:

ICH BIN die (1) Der Magier .Die (5/2) Der Hohepriester/DieHohepriesterin

Die (7) - Der Wagen und die (9) - Der Eremit / Der (Die) Weise!

Kinder von Christine Inge Barth:

* 5 = ist der Meister, der Herr von aller Magie – Schlüssel für das Wort, das widerhallt unter den Menschen...

Mirco Andreas Barth: 29.4.1992 = 5 / 5 (Namenszahl / Schicksalszahl)

* 7 = ist der Herr der Weiten, Meister des Raumes und Schlüssel der Zeit... Groß ist die Weisheit der 7, mächtig sind sie aus dem Jenseits. Sie manifestieren sich durch ihre Macht und sind erfüllt mit Kraft des Jenseits.

Florian Barth: 20.4.1990 = 7 / 7 (Namenszahl / Schicksalszahl)

      "   1.9. 1990 = 2 (Todestag)

Alexander Barth 19.11.1994 = 7 / 7 (Namenszahl / Schicksalszahl)

* 9 = ist der Vater, riesigen Angesichts, formend und verändernd aus der Formlosigkeit heraus...

Mutter: Christine Inge Barth: 9 / 7 (Namenszahl / Schicksalszahl)

1 (Jahreszahl 2013)

Zahlen + Seelencode) =   9 / 19 / 29 (Karma

/ (2+9 = 11 = 2) $\underline{2}$ = $\underline{9}$ / (1+9 = 10 = 1) $\underline{1}$ / $\underline{7}$

     $\underline{9}$+ $\underline{1}$+$\underline{7}$+$\underline{2}$ = 19 = 1+9 = 10 = $\underline{1}$

Thot $\underline{1 = \text{Der Magier}}$ =

     " : 9 (Postleitzahl) =

1+3+4+3+7 = 18 = 1+8 = 9) = 9   (134037 Berlin /

     $\underline{9 = \text{Der (Die) Weise}}$

     " : 5 (Hausnummer) =

5) = 5   (77 = 7+7 = 14 = 1+4 =

<u>5 = Der (Die) Hohepriester(in)</u>

(Geburtstag) = <u>7</u>   " : 7.6.1965

<u>7 = Der Wagen</u>

Der letzte Brief – inzwischen hatte ich einen Bestätigungsbrief vom Vatikan erhalten. Diesen schicke ich zur Ansicht als Datei per E. - Mail.

An seine Heiligkeit der Papst Fransiskus
25.10.2013 Palazzo Apostolico
00120 Citta del Vaticano
Italien (Rom)

Namasté Fransiskus,

da Sie inzwischen meinen am 19.9.2013 zugestellten Brief erhalten haben dürften und auch Gelegenheit hatten diesen zu sichten, rufe ich, Lady Portia, Mitglied der Weißen Bruderschaft von Shambala, mich heute erneut höflich in Erinnerung.

Eure Heiligkeit, ich bitte Sie, es handelte sich um keine Laune einer getreuen Christin, nein, weit gefehlt! Aufgrund der Dringlichkeit und Ernsthaftigkeit des Themas bitte ich Sie nun mir und den anderen bereits angekündigten Abgesandten eine Audienz zu gewähren!

Eure Heiligkeit haben bereits zwei Schreiben erhalten, eines war ein Buchgeschenk mit Begleitbrief und das letzte Schreiben meine numerologischen Berechnungen, welche meine Schlüsselfunktion in meiner derzeitigen ICH BIN Gegenwart dokumentieren und mich als Abgesandte der "Himmlischen Heerscharen" (Galaktischen Konföderation) ausweisen.

Ich bitte Sie von daher wiederholt mein Anliegen nicht zu ignorieren und weise Sie darauf hin, dass ich im Bedarfsfall auch ohne Termin vor Ihren Pforten stehen werde und um Einlass zu bitten. Dies werde ich, da es mein Auftrag der Geistigen Welt, des Höchsten Rats ist, in aller Vehemenz umsetzen.

Jedoch wäre ich Ihnen, Eure Heiligkeit, sehr verbunden, wenn Sie die Höflichkeit besitzen würden mir einen Gesprächstermin im November diesen Jahres anzubieten. Es sollte sich keineswegs als Ihr Nachteil erweisen, denn faktisch Richtig ist, die Ankündigungen werden ohnehin umgesetzt werden. Uns wäre daran gelegen es mit Ihrem Befürworten zu tun, deshalb bieten wir es Ihnen an.

Um Ihnen, Eure Heiligkeit, meinen Ehrenkodex etwas näherzubringen, diesem ich persönlich unterstehe, habe ich Ihnen etwas beigefügt, das Sie freundlicherweise studieren können.

Hochachtungsvoll

*Christine Inge Barth
Romanshorner weg 77
13407 Berlin / Deutschland*

Galaktischer Kodex

Dieser Kodex wird als Galaktischer Kodex bezeichnet und stellt die rechtliche Grundlage für alle Handlungen der Konföderation in dieser und in anderen Galaxien dar. Er ist kein starres Gesetzeswerk äußerer Regeln, sondern ein innerlicher Verhaltenskodex aller Lichtseelen, den alle Wesen des Lichts mit ihrem freien Willen akzeptieren, weil er ihre innere Wahrheit widerspiegelt.

Wir werden den Galaktischen Kodex jetzt auf eine Art erklären, die für ein durchschnittlich aufgeklärtes Wesen in einer menschlichen Gesellschaft verständlich ist.

Artikel I: Das Gesetz der göttlichen Gnade

Jedes Lebewesen hat ein unabdingbares und bedingungsloses Recht auf positive Lebenserfahrung um Artikel I zu erklären, müssen wir verstehen, dass Leiden und Schmerz, in erleuchteten galaktischen Gesellschaften, befreit vom Einfluss Dunkler Kräfte und anderer kosmischer Absonderlichkeiten, keinerlei Wert haben. Schmerz, Leiden und Opfer als einen Teil der Wachstumserfahrung darzustellen, war Teil der Programmierung der Dunklen Kräfte, mit dem Ziel die

Populationen der eroberten Planeten leichter zu versklaven.

Jedem Lebewesen im befreiten Universum wird durch seine innere Verbindung zur Quelle eine bedingungslos positive Lebenserfahrung garantiert. Gestärkt wird dieses Recht durch die Kraft Aufgestiegener Meister über die Materie. Ihre Macht über die Materie ermöglicht es ihnen, alle Lebewesen in ihrem Streben hin zur Quelle zu unterstützen und sie mit allem Lebensnotwendigen zu versorgen. Das Leben war niemals als harte Arbeit oder Kampf gedacht, sondern vielmehr als Weg der Freude und Kreativität. Verschiedene Absätze des Artikels I regulieren alles Leben in einem befreiten Universum und alle Beziehungen zwischen den Wesen des Lichts, so dass Konflikte gar nicht aufkommen müssen. Lasst uns die Absätze erklären:

Artikel I/ Absatz 1: Jedes Lebewesen hat ein unabdingbares und bedingungsloses Recht auf körperlichen und seelischen Wohlstand

Dieser Absatz garantiert jedem Lebewesen im befreiten Universum eine positive Lebenserfahrung. Die Aufgestiegenen Meister nutzen die Kraft, die sie über die erlöste Materie des befreiten Universums haben, um alles Lebensnotwendige, körperlichen und seelischen Reichtum und Schönheit, bereitzustellen.

Artikel I/ Absatz 2: Jedes Lebewesen hat ein unabdingbares und bedingungsloses Recht auf Aufstieg

Dieser Absatz erklärt, wie die Aufgestiegenen Meister ihr erweitertes Verständnis über die spirituelle

Methode des Aufstiegs nutzen und unter Zuhilfenahme des "Elektrischen Feuers der Erlösung" alle Lebewesen unterstützen, die sich freiwillig für den Aufstieg entscheiden.

Artikel I/3: Jedes Lebewesen hat ein unabdingbares und bedingungsloses Recht, sich mit anderen Wesen im Verhältnis ihrer/seiner jeweiligen Position in der Seelenfamilie zu verbinden.

Dieser Unterabschnitt reguliert alle Beziehungen innerhalb einer Seelenfamilie. Er garantiert die Verschmelzung von Wesen entgegengesetzter Polarität (Zwillingsseelen, Seelenverwandte) und die Ausrichtung aller anderen Wesen, unabhängig von ihrem Entwicklungsstand und ihren äußeren Bedingungen.

Artikel I/4: Jedes Lebewesen hat ein unabdingbares und bedingungsloses Recht auf alle Informationen.

Dieser Unterabschnitt ist eine Garantie, dass alle Wesen alle notwendigen Informationen erhalten, die sie benötigen, um ihre Aufgabe im Universum, die größere Perspektive der Evolution und alle weiteren Dinge, die sie für ihre Entscheidungen, für ihr Wachstum und ihr Wohlbefinden brauchen, zu verstehen. All diese Daten werden von Aufgestiegenen Meistern oder anderen Wesen bereitgestellt, die die Entwicklungen der verschiedenen Rassen und Zivilisationen überwachen.

Artikel I/5: Jedes Lebewesen hat ein unabdingbares und bedingungsloses Recht auf Freiheit.

Dieser Unterabschnitt sieht vor, dass jedes Wesen ein unbegrenztes Potenzial für Wachstum und Lebenserfahrung hat. Da alle Wesen im befreiten Universum nur Positivismus (das endlose Streben nach Erfüllung durch Liebe und Dienst) als Ziel haben, geht ihre Freiheit nie zu Lasten der Freiheit anderer Wesen.

Artikel II: Das Gesetz der Trennung in Konflikt stehender Parteien

Jedes Lebewesen hat ein unabdingbares und bedingungsloses Recht auf die Trennung von und den Schutz vor negativen Handlungen anderer Lebewesen.

Dieser Abschnitt regelt die Bedingungen in jenen Teilen des Universums, die soeben erst von dem Einfluss der Dunklen Kräfte befreit wurden, aber noch nicht in der Konföderation akzeptiert sind. Er erfordert, dass die Kräfte des Lichtes jederzeit Konfliktparteien trennen, um sie vor gegenseitigem Schaden zu schützen. Dann vermitteln die Kräfte des Lichtes in diesem Konflikt, bis er gelöst ist. Dieser Abschnitt kommt häufig zum Einsatz, um Kriege und andere bewaffnete Konflikte zu beenden.

Artikel III: Das Gesetz der Balance

Jedes Lebewesen, das sich entschieden hat, gegen die Grundsätze des Galaktischen Kodex zu leben und zu handeln, sich weigert, oder nicht in dazu der Lage ist, diese jetzt zu akzeptieren und die Folgen vergangener Taten auszugleichen, wird der Zentralsonne zugeführt, dort in grundlegendster elementarer Essenz restrukturiert, um einen neuen Zyklus der Evolution zu beginnen.

Dieser Abschnitt regelt die Beziehungen zwischen den Kräften des Lichts und den Kräften der Dunkelheit. Sobald sie besiegt wurden, erhalten Wesen, die den Kräften der Dunkelheit angehören, die Möglichkeit den Galaktischen Kodex zu akzeptieren, sich nach allen Möglichkeiten einzubringen, um die Fehler, die sie gemacht haben, zu korrigieren und anschließend positiv zu leben. Wenn sie dies akzeptieren, wird ihnen vergeben und sie treten der Konföderation bei.

Wenn sie zur Akzeptanz nicht in der Lage oder nicht bereit sind, werden sie der Zentralsonne übergeben. Ihre Persönlichkeit und Seelenessenzen werden mit dem elektrischen Feuer neu strukturiert und ihr göttlicher Funke beginnt einen neuen Zyklus der Evolution.

Artikel IV: Das Gesetz der Intervention

Die galaktische Konföderation hat in allen Situationen ein unveräußerliches und uneingeschränktes Recht auf Intervention, in denen der Galaktische Kodex verletzt wird, unabhängig von den örtlichen Gesetzen.

Dieser Abschnitt beschreibt die Politik der Lichtkräfte hinsichtlich besetzter Planeten. Die Konföderation behält sich das Recht vor, in allen Bereichen, Zivilisationen, Planeten oder Sonnensystemen, in dem der Galaktische Kodex verletzt wird, zu intervenieren. Sie hat das Recht zu dieser Intervention, ungeachtet der Stellung der lokalen Zivilisation. Sie hat stets das Recht, alle friedlichen Mittel der Erziehung und der Regulierung zu verwenden. Wenn die kritische Masse der Grundsätze des Galaktischen Kodex verletzt wird, hat sie das Recht auf Anwendung militärischer Gewalt. Sonderfälle sind Planeten unter direkter Besetzung der Dunklen Kräfte. Die dunklen Kräfte nehmen für gewöhnlich die lokale Bevölkerung als Geisel, um den Fortschritt der Kräfte des Lichts zu behindern. Auf der Erde haben sie mit Atomkrieg gedroht, wenn die Lichtkräfte eingreifen würden. Dies ist der wesentliche Grund dafür, warum die Lichtkräfte diesen Planeten noch nicht befreit haben (und nicht der so genannte wir-werden-nicht-eingreifen-weil-wir-freien-Willen-respektieren, wir-werden-nur-zusehen-wie-das-Leiden-weitergeht – Unsinn!). Wie in jeder Geiselnahme, erfordert dies eine Menge Verhandlungsgeschick und eine taktische Vorgehensweise. Diese Situation wird nun behoben und Planet Erde wird bald befreit sein.

Artikel IV/1: Jedes Lebewesen hat ein unveräußerliches und uneingeschränktes Recht auf Anrufung der Galaktischen Konföderation in Not und die galaktische Konföderation hat das Recht zu unterstützen, unabhängig von örtlichen Gesetzen.

Dieser Unterabschnitt gibt eine rechtliche Grundlage für die Intervention und Unterstützung für alle Geiseln der Finsteren Mächte. Die Kräfte des Lichts tun immer, was sie zur Unterstützung und zur Verbesserung der Lebensbedingungen aller Lebewesen, auch auf der Erde, tun können. Die Situation auf der Erde gibt einen Hinweis darauf, wie viel mehr Macht die Finsternis über das Licht auf diesem Planeten hatte. Glücklicherweise ändert sich dies jetzt.

Artikel IV/2: Die Galaktische Konföderation hat, wenn nötig, ein unabdingbares und bedingungsloses Recht

zur Umsetzung des Galaktischen Kodex und zum Eingreifen mit militärischer Gewalt in Bereichen, wo der galaktische Kodex verletzt wird.

Dieser Unterabschnitt bietet die Rechtsgrundlage für die Befreiung der besetzten Planeten mit militärischer Gewalt. Die Streitkräfte der Konföderation entfernen oder geben Unterstützung bei der Entfernung von Vertretern der Dunklen Kräfte und befreien die Geiseln. Dann unterstützen weitere Kräfte der Konföderation, den Prozess der Aufnahme des Planeten in die Konföderation durch Aufklärung der örtlichen Bevölkerung.

Möglicherweise haben einige Menschen das Gefühl, dass die Konföderation kein Recht auf Intervention hat und dass die Menschheit das Recht hat, ihre Probleme selbst zu lösen. Dies entspricht schlicht nicht der Wahrheit. Viele Kriege überall auf dem Planeten und ständiger Missbrauch der grundlegenden Menschenrechte haben bewiesen, dass die Menschheit nicht in der Lage ist, ihre eigene Situation zu handhaben. So ist es viel besser, dass ihr weise Beschützer zur Seite stehen, um ihr behilflich zu sein. Die Konföderation wird die Menschen bei der Ablösung der derzeitigen "Puppenspieler" (der Dunklen Kräfte) unterstützen, die seit der Zeit von Atlantis an der Macht sind. Dann wird der Galaktische Kodex im ganzen Universum endgültig zum universellen Verhaltenskodex und Dunkelheit wird es nicht mehr geben.

Anhang zu den numerologischen Berechnungsgrundlagen:

Herkunftszuordnung der Seelencodes

1 = Irdisch (ein oder zwei Elternteil (e) Anunnaki)
2 / 3 = Lyra (Von dort stammen viele Rassen ab)
4 / 8= Orion (Betageuze / Rigel)
5 = Sternbild Löwe (z.B Regulus)
6 = Sirius (Großer Hund)
7 = Plejaden (auch Anunnaki)
9 = Anu / Niburu (Anunnaki)

**Maßgeblich ist die erste Zahl (Namenszahl) im Seelencode und letzter
errechnete Zahl (= …). Dies kann auch mittels des vollständigen Vor- und Zunamens (Geburtsurkunde!) + des Geburtsdatums errechnet werden.**

Beispielrechnung:

C H R I S T I N E I N G E B A R T H
7.6.1965 =
3 8 9 9 1 2 9 5 5 9 5 7 5 2 1 9 2 8 = 99 +
(7+6+1+9+6+5) =
(34) = 99+34 = 133 = 1+3+3 = <u>7</u> = Plejaden

Nur vollständiger Name:
C H R I S T I N E I N G E B A R T H
3 8 9 9 1 2 9 5 5 9 5 7 5 2 1 9 2 8 = 99 =
9+9 = 18 = 1+8 =
<u>9</u> = *Anu (Anunnaki / Stammvater Anu / Ur-Stammvater Amun Re)*

Beispiel (Berechnung der Namenszahl = ICH BIN):

C H R I S T I N E I N G E B A R T H = (18
Buchstaben = 1+8 = 9)
3 8 9 9 1 2 9 5 5 9 5 7 5 2 1 9 2 8 = 99 = 9+9 =
18 = 1+8 = **9**

(Alle Zahlenwerte werden zusammengezählt bis eine einstellige Zahl
errechnet ist)

Bei dieser Variante kann man auch „Innere – verdeckte Werte" errechnen,
sowie „Äußere – offensichtliche Werte" berechnen.

Folgendermaßen: Vokale zusammengezählt = Innere Natur.

Konsonanten = Äußere Natur. Anhand meines Namens gebe ich dir jetzt ein Beispiel hierzu:

Innere Natur: (Vokale) = I I E I E A (CH R I S T I NE I NGE B A R T H)
= 9 + 9 + 5 + 9 + 5 + 1 = 38 = 11 = 1+1 = **2 (Hohepriesterin)**

Äußere Natur: (Konsonanten) = C H R S T N N G B R T H
= 3 + 8 + 9 + 1 + 2 + 5 + 5 + 7 + 2 + 9 + 2 + 8 = 61 = 6+1
= **7 (Der Wagen)**

Mein Seelencode ist somit:

Christine Inge Barth   9   7   2 (7+2 = 9)   9
= 9

Schicksalszahl berechnen:

Beispiel: 7.6.1965 = 7+6+1+9+6+5 = 34 = 3+4 = <u>7</u>

Wie errechne ich meine Jahreszahl? Was bedeutet die Jahreszahl?

Jedes Jahr hält besondere Herausforderungen für uns alle parat! Wir entwickeln uns ständig weiter! Ob es im Beruf, oder im privaten Bereich ist, es verändert sich stetig das Leben und der Blickwinkel eines jeden Menschen!
Errechne einfach deinen persönlichen Schwerpunkt!

Wie verläuft dieses Jahr?

Geburtstag + Geburtsmonat + Aktuelles Jahr =

Beispielrechnung:

7. (Geburtstag) + 6. (Geburtsmonat) + 2013 (aktuelles Jahr)
7 + 6 + 2 + 0 +1 + 3 = 19 = 1+9 = 10 = 1

(die Nullen werden nie mitgerechnet, denn sie haben keinen Wert)
Das Ergebnis wäre hier die 1 (Der Magier)

Tabelle zum errechnen der Seelencodes

1: A, J, S
2: B, K, T
3: C, L, U
4: D, M, V
5: E, N, W
6: F, O, X
7: G, P, Y
8: H, Q, Z
9: I, R

Zusätzlich noch eine Auflistung der Zahlenenergie im Tarot nach Crowly:

1 – Der Magier

2 – Die Hohepriesterin

3 – Die Kaiserin

4 – Der Kaiser

5 – Der Hohepriester

6 – Die Liebenden

7 – Der Wagen

8 – Die Ausgleichung

9 – Der Eremit

Zahl 1: bezeichnet Direktheit, Ehrgeiz und Macht. Ihr Inhaber ist eine Persönlichkeit mit
Pioniergeist und Erfindungsgabe, der wenig Freunde oder enge Beziehungen hat.
Zur Freundlichkeit und Großzügigkeit ebenso fähig wie zur Skrupellosigkeit.

Zahl 2: das Gegenteil von Eins; bedeutet ausgeglichenes und freundliches Naturell.
Menschen mit der Zwei sind gute Untergebene und Helfer, neigen aber zur
Überempfindlichkeit und Niedergeschlagenheit. Extreme Selbstbehauptung
und Starrsinn. Unaufrichtigkeit und Wankelmut.

Zahl 3: Glückszahl. Diese Menschen sind fröhlich, charmant, anpassungsfähig und
Talentiert. Sie neigen zu Extrovertiertheit und suchen zu sehr die Sympathie
und Anerkennung anderer Menschen.

Zahl 4: Diese Menschen haben Ausdauer, sind Zielstrebig und ruhig. Welches aber
im negativen Sinne bis zur Stumpfsinnigkeit ausarten kann. (Spießer).
im unterschwelligen jedoch brodelt jedoch ein wahrer

Vulkan, vergleichbar
mit der Wucht eines Erdbebens. (Emotionale Entladung).

Zahl 5: ist eine magische Zahl. Sie lieben das Abenteuer, haben viel Glück, aber
neigen zur Labilität. Sie sind rätselhaft, voller nervöser Energie, neigen zum
Prahlen, lieben Frauen (Männer) und oftmals auch den Alkohol.

Zahl 6: Zuverlässigkeit und Harmonie. Sie sind freundlich, friedliebend und stabil.
Sie lieben ihr Heim und ihre Familie; die negativen Seite neigt zum Trivialen;
sie beißen sich an Kleinigkeiten fest und sind hektisch. (Ähnlichkeiten mit
den Eigenschaften der 2 und 3 sind nicht von der Hand zu weisen).

Zahl 7: eine magische Zahl. Diese Menschen sind zumeist paranormal
veranlagt; für gewöhnlich introvertiert, das heißt mehr an der inneren
Wirklichkeit als an der Außenwelt interessiert. Sie sind zurückhaltend,
selbstbeherrscht und würdevoll.

Zahl 8: eine glücksheißende Zahl. Sie bedeutet Elan und Erfolg. (Ähnlichkeiten
mit der 4 und 2). Sie sind zuverlässig und standhaft, ausdauernd und
konzentrationsfähig. Im negativen Aspekt führt dies zu Starrsinn und
Beharrlichkeit; sie führen nicht selten damit ihre positiven Eigenschaften

ins negative, ihre Unternehmungen münden in eine Sackgasse und der
Erfolg wird zum Misserfolg.

Zahl 9: Die königliche Zahl. Hier findet man ein hohes Maß an Kreativität
(die neun Musen) und geistige Höhenflüge. Diese Menschen sind Visionäre
und Dichter; andererseits können sie aber auch launisch und höchst
sentimental sein. Entweder ist dieser Mensch ständig verliebt oder im
umgekehrten Fall ständig von der Liebe enttäuscht.

Eine weitere Beschreibung der Zahlenenergie die du heranziehen kannst:

1
... sendet Ausstrahlung; geistige Anregung; Idee, Impuls, Inspiration, Neugier, beginnt jede
Existenz, Egozentrik, Genialität, Ursprung jeder Bewusstwerdung. Löst Prozesse aus.

2
... empfängt, nimmt an und auf; scheinbare Trennung baut Spannung durch gegenüberliegende Spiegelfläche auf; Zellkernteilung aus dem Einen. Reflektionsebene entsteht; analysiert, plant, zögert, zweifelt. Rationales, aber auch mystisches, intuitives Denken. Lässt Theorie entstehen, fördert aus dem Unbewussten Phantasie, Träume und Intuition. Plan/Plane/Planet (theoretische Grundlage/Hülle/Himmel/Hölle).

3
... setzt durch Wirbelenergie Bindekraft frei. Jetzt beginnt das Erlebbare. Im Anfang war das Wort (Geist; Logos). Die Auferstehung am 3. Tag. Drückt Neuartiges aus, bringt Veränderung, Wechsel, Drehimpuls und Drill; Herausbildung, startet das Außenbewusstsein, das Gegenüberliegende, nach Außen gestellte wird bewusst, Start-, Initiativkraft in eine

bestimmte Richtung; Einfluss, lineares Zeitbewusstsein.

4
... das Wesen der Macht. Verdichtung der Atmosphäre. Energiekonzentration. Aufbaukraft lässt Moleküle zusammenrücken, das schafft konkrete Möglichkeiten, die Grundlagen jeder Manifestation. Grund und Boden; setzt Grenzen; verbindet, verhärtet, bremst, verlangsamt. Strebt nach Sicherheit, Beständigkeit, Bezugsrahmen und Rahmenbedingungen. Denkt und handelt pragmatisch, bodenständig, konservativ, traditionell, in überschaubaren Bereichen. Trägt als Same das Ganze.

5
... macht der Erkenntnis; erkennt durch Aufrichtung (Kundalini) Gegensätzlichkeit im ganzen Zusammenhang. Bewusstsein für Ordnung, Recht, Gesetz, Maßstäbe, Werte und Gesetzmäßigkeiten; strukturiert, organisiert, kontrolliert. Individualität, Gott im Menschen, der wirksame Geist in der Welt, eigenmächtiges Handeln, wendet sich ab und geht seinen Weg.

6
... Entfaltung aller Möglichkeiten. Das Spiel des Lebens beginnt. Das schaffende, leistende, funktionierende Prinzip in der Welt. Konstruktion, Produktivität. Die Welt als Ganzes (6 als erste vollkommene Zahl). Zusammenspiel der Gegensätze geben und nehmen, senden und empfangen. Polaritäten wie aktiv und passiv, männlich und weiblich ergeben zusammen die materielle Welt. Körper ist Geist!

7
... Höhepunkt der Verwirklichung; Erfolg; Gewinn; Ernte. Außerhalb der Welt (7. Schöpfungstag Genesis 2. gehört Gott, Tag des Herrn. Der führende, lenkende, leitende, souveräne Weltengeist. Unabhängig von aller Welt, gibt dieser den Plan (2+5). Königswürde, Herrscherkraft im eigenen Reich. Die kreative Komplexität.

8
... Durchbruch in Höhere Dimension (der 8. Schöpfungstag). Konzentrat, Destillation (Verdampfung, Verflüssigung, Vergeistigung). Ausgestaltung durch Verfeinerung, Veredelung, Verschönerung. Bringt Ruhe, Ausgleich, Stabilität Harmonisierung.

9
... zerstört bisherige Werte unter Informationsgewinn; Auswertung; hat verstanden, wissenschaftliches Denken, der gebildete Intellekt, wirkt innovativ, erneuernd, neutralisierend. Löst und befreit vom alten Zustand.

Zwillingsseelen /Inkarnationen* – Beispiele (Christine Inge Barth):

	Namenszahl Quintessenz	Äußere Werte / Innere Werte - Gesamt	

1. Anhand des Namens:

Christine Inge Barth	9	7	2
9 = 9			
Anat (Anath) ^ *	9	7	2
9 = 9			
Elektra ^ *	9	7	2
9 = 9			
(Tochter des Atlas / Gattin v. Zeus)			
Helena ^ *			
(Tochter v. Leda u. Zeus)	9	7	2
9 = 9			
Gaia (Gäa) *	9	7	2
9 = 9			

2. Anhand des Geburtsdatums 7.6.1965 = vorhandene Zahlen: 1, 5, 6, 7, 9

Seschet (Seschat) ^ *	7	1	6/9
7 = 5			
Tefnut ^ *	7	1	6/9
7 = 5			

Ares ^ 7 = 5	7	1	6/9	
Demeter ^ 7 = 5	7	1	6/9	
Theia ^ 7 = 5	7	1	6/9	
Aigle ^ 7 = 5 **(Nymphe / Tochter v. Atlas)**	7	1	6/9	
Ennias Cu (Ärztin v. Altair) * **(Mutter v. Ninhursag)** 5 = 1/7	5 (2)*	5	9/6	
Hatschepsut (Maat ka Re)* 5 = 1/7	5 (2)*	5	9/6	
Morgane Le Fay * 5 = 1/7	5 (2)*	5	9/6	
Christoph Kolumbus * 1	5	5	9/6	5 =
Kasper **(3 heilige Könige)** 7 = 5	7	1	6/9	
Uranos ^ 7 = 5 **(Bruder (Sohn?) u. Gatte v. Gaia)**	7	6/9	1	
Ningishzidda ^* **(Hermes / Thot / Theuti)** 7 = 5	7	6/9	1	

	Namenszahl	Äußere Werte / Innere Werte	Quintessenz - Gesamt
Polydeukes (Sohn v. Leda / Bruder v. Helena) 7 = 5	7	6/9	1
Minos ^ (Sohn v. Zeus u. Europa) 7 = 5	7	6/9	1
Paracelsus 7 = 5	7	6/9	1
Hapi (Sohn v. Horus) ^ 7 = 5	7	6/9	1

Anmerkung: Die Zahlen 6 und 9 können getauscht / ergänzt werden, da es Umkehrzahlen sind. Jedoch nur in den Äußeren- und Inneren Werten. Die Namenszahl bleibt jedoch unangetastet. * Gesicherte Inkarnationen

Seelenfamilien /Inkarnationen – Beispiele (Familie Barth):

	Namenszahl	Äußere Werte / Innere Werte	Quintessenz - Gesamt
Mirco Andreas Barth 7 = 5 (Sohn v. Christine I. Barth)	7	2	5
Ninhursaja (Ninhursag) ;;; 7 = 5	7	2	5
Seth ^ 7 = 5 (Enki)	7	2	5
Nephthys ^	7	2	5

Name			
7 = 5 (Zwillingsschwester v. Ninhursarja)			
Enlil (Sohn v. Anu) ^ 7 = 5	7	2	5
Sethi I. (Pharao 19.D.) 7 = 5 (anderer Name v. Sethos I.)	7	2	5
Marie Antoinette (Königin) 7 = 5	7	2	5
Alexander Barth 7 = 5 (Sohn v. Christine I. Barth)	7	3	4
Tahuti ^ (**anderer Name für** Thot) 7 = 5	7	3	4
Ninurta (Ningirsu / Nimrod) 7 = 5	7	3	4
Florian Barth 7 = 5 (Sohn v. Christine I. Barth))	7	8	8
Bernhard von Clairvaux 7 = 5	7	8	8
Amenhotep IV. (Echnaton) 7 = 5	7	8	8
Tutanchatum 7 = 5	7	8	8
Poseidon (Enki) ^ 7 = 5	7	8	8

Werner Anton Barth 7 = 5 (Irdischer Vater v. Christine I. Barth)	7	7	9
Ursula Sondheil (Prophetin) 7 = 5	7	7	9
Lilith ^ ^^ 7 = 5	7	7	9
Elke Atzinger (Barth) 7 = 5 (Irdische Mutter v. Christine I: Barth)	7	9	7
Ninlil (Enlils Hauptfrau) 7 = 5	7	9	7
Hathor ^ 7 = 5	7	9	7
Aphrodite ^ 7 = 5	7	4	3
Ahmose 7 = 5 (Mutter Hatschepsut)	7	4	3
Merit Aton 7 = 5 (Tocher v. Echnaton)	7	4	3
Seschet (Seschat) ^ 7 = 5	7	1	6
Tefnut ^ 7 = 5	7	1	6
Ares ^	7	1	6

7   = 5

Kasper (3 hg. Könige) 7 = 5	7	1	6
Theia ^ 7 = 5	7	1	6
Jörg Barth 5 = 1 (Bruder v. Christine I. Barth)	5	2	3
Ereshkigal (Frau v. Enki) 5 = 1/7	5 (2)*	2	3
Ishkur (Ares / Horus) ^ 5 = 1	5	2	3
Ikur (Anu) 5 = 1	5	2	3
Jalarluddin Allah u Akbar **(Indischer Großmogul** 5 = 1	5	2	3
Bathazar **(3 heilige Könige)** 5 = 1	5	2	3
Johannes der Täufer 5 = 1	5	2	3

	Namenszahl	Äußere Werte / Innere Werte	Quintessenz - Gesamt
Claudia Edith Barth 2 = 4 (Schwester v. Christine I. Barth)	2	9	2

Name	Namenszahl	Äußere Werte	Innere Werte	Quintessenz	Gesamt
Taygete ^ (Tochter v. Atlas)	2	9	2	2	= 4
Hyperion ^	2	9	2	2	= 4
Melchior (3 heilige Könige)	2 (5)*	9	2	2	= 4
Maschiach (Hebräisch)	2 (5)*	9	2	2	= 4/7
Dione ^ (Mutter v. Aphrodite u. Zeus)	2	9	2	2	= 4
Caterina Maria Romula de' Medici	2	9	2	2	= 4
Dione ^ (Tochter v. Atlas)	2	9	2	2	= 4

Seelenfamilien /Inkarnationen – Hier erwähnte Personen

	Namenszahl	Äußere Werte / Innere Werte		Quintessenz - Gesamt
Anu (Anunnaki) ^	9	4	5	9 = 9
Ninhursanga (Ninhursag) ^ (Tochter v. Anu)	9	4	5	9 = 9

Thot ^	9	3	6
9 = 9			
Nefuru Re	9	2	7
9 = 9			
F. J. H. R. (F. v. F)*	2 (5)*	2	9
2 = 4/7			

* Zwillingsseelen / Eltern / Reinkarnationen v. Frank v. Falk:

Giovanni dalle Bande Nere	2 (5)*	2	9
2 = 4			
(Vater v. Cosimo I de´ Medici)			
Ki ^			
(Gattin v. Anu)	2	2	9
2 = 4			
Asterodeia ^			
(Gattin v. Aites)	2	2	9
2 = 4			
Jesus Christus	2 (5)*	2	9
2 = 4/7			
Michel de Nostredame	2 (5)*	2	9
2 = 4			
Isis (^)	2	2	9
2 = 4			
(auch Mutter v. Thutmosis III.)			

Anmerkung: Der Nachweis für Thutmosis III. Lässt sich nicht erbringen, da der Name bewusst zu Ehren Amun Re gewählt wurde. Man hat sich damals bereits der Numerologie bedient. Der Seelencode des Amun Re ist: 9   9   9   9   = 9 – somit identisch mit jedem Thutmosis (I, II, III).

Zeus ^   8   9   8
8   = 7

* Zwillingsseelen / Kinder / Eltern / Reinkarnationen:

Valery Viktorovich Kubarev
Rurikovich   8   9   8
8   = 7
(Russischer Großfürst)

Hyoperrion ^   8   9   8
8   = 7

• •
• •

Atlas ^   8   6   2
8   = 7

* Zwillingsseelen / Kinder / Eltern / Reinkarnationen:

Djoser (Pharao / 3. D) ^ 8   6   2   8
= 7

Dagda ^   8   6   2   8
= 7

Maat ^   8   6   2   8
= 7

Inanna (Ninegal) ^ 8   6   2   8
= 7

Anath (Anat)^   8   6   2   8
= 7

Kischar – Gal
(Mutter o. Vater v. Anu) 8   6   2   8
= 7

Nannar (Hermes / Sin) ^ 8   6   2   8

= 7

| Damkina (Ninhursag) | 8 | 6 | 2 |
8   = 7

....
....

Senenmut   3   8   4
3   = 6
(Vater v. Merit Re Hatschepsut)

Ninhursag   3   8   4
3   = 6
(Tochter Anu / Enlils Frau)

Merit Re Hatschepsut   3   2   1
3   = 6
(Gattin v. Thutmosis III)

Merlin   8   3   5
8   = 7

Sachdienliche Hinweise zu den o.g Tabellen / Zeichenerklärungen / Ergänzungen:

* Anmerkung: In ( ) gesetzte Zahlenwerte wie (2)* und (5)* können in der Benennung der Namenszahl auch ausgetauscht werden, wenn wie im ersten Fall (Hatschepsut) eine Frau ist und damit eine Hohepriesterin anstatt Hohepriester ist. So verhält es sich auch z.B bei F. J. H. R., nur umgekehrt. Ich errechne deshalb beide Werte zusätzlich noch einmal zusammen, da sie eine zusätzliche Energie offenbaren.

Ergebnisse „=" am Ende einer Reihe zeigt die Quintessenz der Namenszahl, der Äußeren Werte und Inneren Werte an. Ergibt einen zusätzlichen Hinweis auf die Ursprungsherkunft der Seele (s. Tabelle).

^ Götter - **Weitere Information zu Göttern und Göttinnen:**

http://www.sagengestalten.de/

^^^ Informationen zu Lilith:

Leidenschaftliche Löwin der Schlachten

Diese Leidenschaftlichkeit bildet schließlich die Verbindung zu ihrer zweiten göttlichen Funktion, jener der Kriegsgöttin. Da wird Inanna als die rasende Kriegsherrin, als Löwin der Schlachten beschrieben. Kriege wurden als „Tanz der Inanna" bezeichnet. Möglicherweise spielte hierbei auch die Beobachtung des Sexualverhaltens der Katzen und Raubkatzen eine Rolle - geschmeidig und erotisch in ihren Bewegungen, aber auch grausam und todbringend. Charakteristisch ist, dass sie sich zunächst auffordernd und verführerisch vor dem von ihnen auserwählten Partner hin- und herwinden, ihn jedoch unmittelbar nach Abschluss des Liebestreibens mit ausgefahrenen Krallen angreifen und versuchen, ihn ernsthaft zu verletzen. http://www.hagalil.com/archiv/2000/09/lilith.htm

^Anat (Anath):
http://de.wikipedia.org/wiki/Anat_(G%C3%B6ttin)

*** Lady Portia (Morgan le Fay) – Schwester v. Merlin in Albion. Aufgestiegene Meisterin 5./6 J.h - 7. Strahl / violette - silberne Flamme – Zwillingsflamme v. Saint Germain.

**Helena (Die schöne Helena) = Tochter der Leda und Zeus oder:
Helena: Tochter der Hohepriesterin Rian und des römischen Prinzen Coelius (Albion)

;;; Ninhursaja (Ninhursag)

Ninḫursanga (Herrin der steinigen Einöde auch Ninhursag, Ninhursaja, Ninmaḫ, Nintu, Mami manchmal auch Ninlil, Damkina und die akkadische Aruru) ist eine sumerische Gebirgs – und

Muttergöttin. Sie ist eine der führenden weiblichen Götter und wird auch mit der **Epitheton** „Mutter der Götter" benannt. In ihrer Funktion als Göttin der Gebärenden wird sie auch als „Mutter aller Kinder" bezeichnet.

In altbabylonischer Zeit wird sie mit Ninlil der Frau von Enlil gleichgesetzt und gilt als Mutter des Kriegs- und Fruchtbarkeitsgottes Ninurta sowie des Mondgottes Nanna. In ihrer Funktion als „Mutter aller Götter" wird sie mit Ki gleichgesetzt und ist damit die Frau des Gottes An. In dem Mythos Enuma Eliš wird sie als die Mutter Marduks und somit als Damkina] identifiziert und im Mythos Enki und Ninhursaja ist sie die Frau von Enki und zeugt mit ihm weitere Götter. In Nippur und Susa wurde sie als Frau von Šulpa'e, dem Gott der wilden Tiere, verehrt und ist damit als Herrin der Einöde auch für die wilden wie gezähmten Tiere des Feldes zuständig.

Enki und Ninhursaja

Enki möchte unbedingt einen Sohn, jedoch gebiert seine Frau Ninhursaja nur die Tochter Ninisiga, die Göttin des Neumondes. Daraufhin schwängert er seine Tochter, die ihm die Tochter Ninkurgebärt, die Herrin des Hochlandes. Da Enki immer noch keinen Sohn hat, schwängert er seine Enkelin Ninkur und diese gebiert Uttu, die Göttin des Flachses und der Webkunst. Ninhursaja ist das Ganze mittlerweile zu viel. Sie berät Uttu, wie sie den Avancen von Enki widerstehen könne. Doch Enki verkleidet sich als gutaussehender Gärtner und so gelingt es ihm, Uttu zu begatten. Als Uttu den Betrug bemerkt, fleht sie Ninhursanga um Hilfe an. Diese entfernt den Samen Enkis und wirft ihn auf den Boden. Daraus entstehen acht Pflanzen, die Ninhursaja Enki zum Essen vorsetzt. Daraufhin erkrankt Enki schwer. Die Anunna sehen das mit Sorge und Enlil kann Ninhursaja überreden, Enki zu helfen. Ninhursaja setzt sich darauf hin auf Enki, nimmt die Samen in sich auf und gebiert darauf die Götter: , Ninsikila, Ninkatu, Ninkasi, Nanše, Azimua, Ninti und Ensag.Abu

NINHURSAG

Vater ANU - Mutter eine plejadische Ärztin/Chirurgin Oberhaupt aller Heilkünste auf Terra
NINURTA - Sohn von NINHURSAG und ENLIL

http://wissen.paoweb.org/de/annunaki/page6.html

Die Prophetin „Mutter Shipton"

Im Jahre 1488 erblickte in England in absoluter Anonymität ein körperlich behindertes Kind das Licht der Welt, das zu allem Übel auch noch aus einer nichtehelichen Verbindung stammte. Dieses Kind sollte zu einer der größten Prophetinnen der Geschichte werden. Im Laufe ihres Lebens machte diese Frau Weissagungen, die zu den erstaunlichsten aller Zeiten gehören!

Einigen Gerüchten zufolge wurde das Mädchen, das später unter dem Namen Mutter Shipton berühmt werden sollte, am Ufer des Flusses Nidd geboren, in der Nähe einer alten Gedenkstätte, an der eine Quelle sprudelte, deren Wasser man eine wundersame und therapeutische Wirkung nachsagte. Ursula Sondheil, so lautete ihr Mädchenname, wurde mit einer körperlichen Missbildung, aber mit einem erstaunlich wachen Geist geboren. So erlernte sie das Lesen und Schreiben deutlich schneller als die anderen Kinder ihres Alters.

Auch wenn sie unehelich war und aus der Verbindung ihrer alleinstehenden Mutter mit ihrem Liebhaber entstammte, so wurde sie doch getauft. Dies war eigentlich zu dieser Zeit unvorstellbar für ein Kind aus einer nichtehelichen Verbindung, denn diese galten in dieser Zeit als Sprösslinge des Teufels!

Als sie zwei Jahre alt war, gab ihre Mutter sie in die Obhut einer Pflegemutter, bevor sie sich selbst in ein Kloster zurückzog, wo sie den Rest ihres Lebens verbrachte. Je älter die Kleine wurde, umso mehr zeigte sich ihre große Intelligenz, aber auch ihr verquerer Geist. So hörte sie beispielsweise eines Tages, als ihre Pflegemutter außer Haus war, deren Tochter schreien, war aber außerstande, das Haus zu betreten, so als hielte eine unsichtbare Macht sie davon ab. Auch die Nachbarn, die man zur Hilfe gerufen hatte, konnten diese unsichtbare Barriere nicht überwinden. Es bedurfte eines Priesters, um diesen Bann zu brechen!

Eine unverhoffte Heirat

Das Mädchen war so hässlich, dass jeder ihr prophezeite, niemals im Leben einen Ehemann zu finden. Zur Verblüffung aller hielt im Jahre 1512 ein Landmann um ihre Hand an. Toby Shipton war ein bescheidener Zimmermann aus Shipton, einem kleinen Dorf in der Grafschaft Yorkshire.

Man verdächtigte Ursula, ihn verhext und mit einem Liebestrank dazu gebracht zu haben, sie zu heiraten! So wurde sie im Alter von 24 Jahren Ursula Shipton. Und dieser Name sollte der Nachwelt ein Begriff sein.

Sehr bald schon begann sie mit ihren verblüffenden Prophezeihungen. Schnell breitete sich ihr Ruf in ganz England und schließlich in ganz Europa aus. Nach und nach kamen immer mehr Neugierige in ihr bescheidenes Dorf, um ihren Orakeln zu lauschen.

Die Geburtsstunde einer Prophetin

Das Ereignis, mit dem sie bekannt wurde, begann mit dem Diebstahl von Kleidungsstücken. Die ganze Nachbarschaft beklagte das Verschwinden von Kleidungsstücken (ein Hemd und ein Rock), die damals als Luxusgegenstände galten. Die frischgebackene Frau Shipton vertraute daraufhin ihren Nachbarn an, dass sie wüsste, wer diesen Diebstahl begangen hatte und dass sie alles Notwendige tun würde, damit die gestohlenen Kleidungsstücke wieder ihrem rechtmäßigen Besitzer übergeben würden. Sie bat die bestohlene Frau, an einem bestimmten Tag zu einer bestimmten Stelle zu kommen. Mit großer Überraschung stellte die Matrone fest, dass zu der genannten Stunde eine Unbekannte zum genannten Ort kam, und ihr singend und tanzend die gestohlenen Gegenstände überreichte mit den Worten: „Ich habe meine Nachbarn bestohlen, dies ist der Beweis!"

Kurz darauf sagte Mutter Shipton sehr genau voraus, dass der Kirchturm des Dorfes umfallen und ein Lehnherr, der in dieser Gegend zu Besuch war, zu Tode kommen würde. Dies war nur der Anfang einer unendlichen Reihe von Prophezeihungen, von denen eine erstaunlicher war als die andere.

Eine weitere Weissagung, die sowohl ihren Bekanntheitsgrad als auch die Furcht der Menschen vor ihr steigerte, betraf einen jungen Mann. Dieser wollte von ihr wissen, wann sein Vater sterben würde, den er unbedingt beerben wollte. Der Jüngling verließ die Wahrsagerin sehr enttäuscht, denn sie verweigerte ihm die Antwort. Kurze Zeit später erkrankte der junge Mann schwer.

Die Worte, die sie daraufhin an seinen Vater richtete, begründeten einen Teil ihrer Berühmtheit. Als dieser nämlich in seiner Verzweiflung Mutter Shipton aufsuchte und sie bat, seinen Sohn zu retten, hörte er sie antworten: „Jene, die auf den Tod der anderen warten, werden von ihrem eigenen Dahinscheiden überrascht. Die Erde, die sie sich so sehr für einen anderen herbeigesehnt, wird bald ihre sein, die Erde ihres Stolzes wird ihr eigenes Grab sein!"

Kurze Zeit später verstarb der junge Mann.
Die Berühmtheit von Mutter Shipton breitete sich danach aus wie ein Lauffeuer! Nach und nach war sie in ganz Yorkshire (Nordengland) bekannt.

Die Geschichte von England – ein offenes Buch für sie
Einen großen Bekanntheitsgrad erlangte sich ferner, weil sie die wesentlichen Ereignisse der englischen Geschichte voraussagte. So sagte sie im Jahre 1513 den Sieg von König Heinrich VIII voraus, der in einem zerstörerischen Krieg mit Frankreich verwickelt war, bei dem er zunächst eine Schlacht nach der anderen verlor.
Zudem äußerte sie erstaunliche Weissagungen über Thomas Wolsey, einen mit Ehren überhäuften Berater von Heinrich VIII. Bei Ausbruch des Krieges gegen Frankreich war er die wichtigste Stütze des Königs. Er bewegte ihn dazu, die glorreiche Schlacht zu befehlen, an deren Sieg nur wenige Menschen glaubten.

Mutter Shipton sagte den Ruhm und den schnellen Reichtum von Thomas Wosley voraus… ebenso wie seinen plötzlichen Niedergang und seinen armseligen Tod. Nachdem er von Heinrich VIII mit Titeln (Lordkanzler von England, Erzbischof von York und Kardinal) und Landgütern überhäuft worden war, fiel er nach einem Streit mit dem König in dessen Ungnade. Er wurde von allen Gütern enteignet, bevor er bei seiner Verbringung in den Tower von London vor lauter Erschöpfung starb.

Sie sagte einige Jahre im Voraus den Tod des Sohnes von Heinrich VIII, Erbprinz Eduard VI, voraus, und kündigte auch die Grausamkeiten an, die die Katholiken und Engländer sich in dem unseligen Vaterlandskrieg angedeihen ließen.
Sie weissagte die großen Erfindungen der Moderne!

Des Weiteren sagte sie mit unglaublicher Genauigkeit den Tod der Königin Maria Tudor voraus, der Nachfolgerin von Eduard VI, sowie das Datum ihres eigenen Todes. Im Jahre 1561 verschied Mutter Shipton, so wie sie selbst vorausgesehen hatte, im Alter von 73 Jahren. Sie hinterließ zahlreiche Prophezeihungen über kommende Zeiten.
Unter anderem „sah" sie die Erfindung von Autos: „Wägen ohne Pferde werden fahren", von Fernsehen und Telefon „Um die Welt werden Gedanken sich bewegen, während eines Wimpernschlags" sowie von Schiffen und U-Booten: „Die Menschen werden sich auf und unter dem Wasser fortbewegen, Eisen wird schwimmen"…!

Ergänzend: GöTTER / verschiedene Namen aus den Kulturen: Griechisch, Ägyptisch, Sumerisch.

ANU (Kronos): 9-5-4-9=4 / 2-8-3-2=4 / 5-9-5-5=1 / 8-3-5-8=7
(Geb / Seb)

NINHURSAG (Hera): 3-8-4-3=6 / 5-8-6-5=1 / 7-9-7-7=5
(Hathor)

ISHKUR (Ares): 5-2-3-5=1 / 7-1-6-7=5 / 9-9-9-9=9
(Horus)

ENLIL (Osiris): 7-2-5-7=5 / 8-2-6-8=7

ENKI (Poseidon): 3-7-5-3=6 / 7-8-8-7=5 / 9-8-1-9=9
(Ptah)

NANNAR (Hermes): 8-6-2-8=7 / 5-4-1-5=1 / 6-6-9-6=3
(Sin)

UTU (Apollo): 8-2-6-8=7 / 8-4-4-8=7 / 7-3-4-7=5
(Harpocrates)

INANNA (Aphrodite): 8-6-2-8=7 / 6-3-3-6=3 / 2-2-9-2=4 / 3-2-1-3=6
(Isis), (Ishtar)

NINGISHZIDDA : 7-6-1-7=5 / 5-4-1-5=1 / 8-2-6-8=7 / 2-3-8-2=4
9 – 3 – 6 – 9 – 9
(Hermes/ Thoth / Toth / Theuti)

MARDUCK (Ra / Amon Ra): 8-4-4-8=7 / 1-9-1-1=2 / 8-9-8-8=7

NERGAL: 3-6-6-3=6 / 6-9-6-6=3
(Erra)

NINURTA: 7-3-4-7=5 / 3-9-3-3=6 / 9-3-6-9=9
(NINGIRSU / NIMROD)

http://de.wikipedia.org/wiki/Gaia_(Mythologie)

http://www.mythentor.de/griechen/anfang.htm

Erinnerungen – Transformation - Heilung - Christoph Columbus:

Inzwischen siegt die Ruhe in mir und ich d se ein wenig ein, sp re nur noch die feuchte Nase meiner H ndin und vernehme leises Vogelgezwitscher aus den B umen, sp re die w rmende Sonne, den zarten Windhauch und alle Gedanken entschwinden jetzt wie Wolken die vorbeiziehen. Ich bin nun wie in der Meditation ganz und gar in mir, die ußere, irdische Welt entschwindet, die Zeit existiert nicht mehr, ist jetzt nicht relevant. Ein Zustand der Trance, in der ich mich jetzt befinde, in der ich Bilder sehe, erst wie in einem Nebel verh llt, aber nur wenige Augenblicke klarer werden:

Ich befinde mich in der tiefen Vergangenheit, etwa 1000 n. Christi. Ich kann Kanus erkennen, die aus Einb umen gefertigt wurden. Darin befinden sich Menschen die mir vertraut sind. Es sind die Arawak-Indianer, ein Stamm der wohl einst aus dem M ndungsgebiet des Orinoko entstammte. Das heutige Venezuela. Sie waren aus ihrer Heimat durch kriegerische Nachbarn vertrieben worden. Ihre Liebe zum Frieden war ihnen zum Verh ngnis geworden und sie erhofften sich nun auf Jamaika (Xaymaca) ein friedliches und spirituelles Leben. Welch ein Trugschluss, denn diese Eigenschaft w rde ihnen zuk nftig wiederholt zum Verh ngnis werden. Dennoch genieße ich jetzt den Film der vor meinem „Dritten Auge" ab gespult wird.
Ich beobachte die Arawak-Indianer, wie sie geschickt Wildschweine jagen und Kassawa anbauen. In dieser Idylle erscheint eine graue Wolke am Himmel und am Zenit taucht 1494 unser Segelboot auf und der Auftakt der gnadenlosen Gewalt nimmt seinen Anfang. Keiner der Einwohner ahnt, dass ich,

Kolumbus, und seine Mitstreiter zukünftig Jagd auf sie machen würden und sie begrüßen uns fremde Menschen freundlich. Hat erst die Wassersuche uns Fremdlinge angelockt und sich vorerst damit zufrieden gegeben, so entwickelte sich recht schnell die Gier nach Landbesitz. Im Namen der spanischen Krone wurde „Das Land der Flüsse und der Wälder" beschlagnahmt. Die Jagd auf die Indianer beginnt und am Ende erinnert nur der Name Xaymaca an die Ureinwohner der Insel.

Dennoch spüre ich jetzt noch ihre Energie und erwache jetzt schockiert aus meiner Trance. Warum? Alles im Namen vom schnöden Mammon?

Warum habe ich einst die Lichtschiffe meiner Sternenfamilie nicht erkannt? Dennoch habe ich diese Ereignisse in das Logbuch eingetragen. Sie begleiteten uns über See, so als wollten sie uns eine Botschaft mitteilen! Warum nur habe ich das nicht als Omen gesehen?

Erinnerung - Transformation – Heilung

Einer inneren Eingebung folgend lasse ich hierzu eine Gedanken schweifen und das in mir beheimatete Medium drängt an die Oberfläche und hat den Drang zu offenbaren …

… der Leser mag sich daraus ziehen was für ihn derzeit oder zukünftig verwertbar ist – es ist eine Wahrheit – meine Wahrheit.
Die Wahrheit hat Blickwinkel, mannigfaltige Blickwinkel,
deshalb: Einem jeden seine Sicht – An – Sicht der Obliegenheiten.

Wir sind derzeit alle ohne Ausnahme hier um zu transformieren …

Um die Menschheit hier in einen höheren Bewusstseinszustand zu bringen – man mag das jetzt gerne „Aufstieg" nennen – ist es erforderlich, dass auch die Äther – Ebene „gereinigt" wird, was in der Konsequenz bedeutet, dass ein jeder Mensch angehalten ist jedweden

„Müll" aus vergangenen Reinkarnationen zu transformieren.

Was ist der Müll? Der „Müll" sind unsere negativen Erfahrungen

und unsere Laster die wir wir mit uns herumschleppen.

Bevor ich anschauliche Beispiele aus meinen Erkenntnissen meiner Transformationsprozesse nenne noch eines:

Ja, in der Tat sind zuhauf Seelen hierher gekommen, jene wollen wir die „Cracks" nennen, oder andere mögen sie als die bereits Aufgestiegenen Meister und Meisterinnen bezeichnen – andere bezeichnen viele von ihnen als Engel – Lichtwesen – Geistwesen -

wie auch immer, das mag jeder seinem Glauben und Ermessen nach betrachten – UM – und das ist das Entscheidende, die Transformation anderer hiesigen Menschen mit zu erledigen. Das liegt darin begründet, dass ebenfalls zuhauf hiesige Seelen (noch) nicht in der Lage sind zu transformieren, weil ihnen das dafür benötigte Bewusstsein abgeht. Sie tragen daran keine Schuld, denn das hat vorwiegend den Grund, dass die „Umstrukturierung" (Mutation) ihrer DNS (noch) nicht erfolgreich abgeschlossen ist. Wer hätte einst gedacht, dass scheinbar aber auch alles Essenzielle von dieser so winzigen, für unsere Augen nicht sichtbare Doppel – Helix abhängig ist? War es nicht Ziel unserer „Wissenschaftler" dies im Vorfeld zu erforschen um auf das derzeitige Ereignis vorbereitet zu sein? Hier muss man einräumen, dass nicht nur mangelnde Kenntnisse dies verhinderten, vielmehr eine Macht im Hintergrund die dies vehement verhinderte.

Nun möchte ich, um auch bei diesem Thema zu bleiben, meine ganz persönlichen und durchaus schonungslosen Transformationsprozesse in Erwähnung bringen …

Erinnerungen … das Fortschreiten der Bewusstwerdung, was bei mir in geradezu rasanter Geschwindigkeit vonstatten ging (wohlweislich deshalb weil es da übermächtig viel zu transformieren gab) ergab die für mich unangenehme Tatsache, dass ich im Grunde Hauptverantwortliche auf diesem Planeten war was die Entstehung der irdischen Spezies Mensch betrifft – um es beim Namen zu nennen war ich einst jene Seele Namens „Ennias Cu", jene Oberärztin von Terra, entstammend von Altair, die dank ihrer qualifizierten Fähigkeiten den Menschen hierorts erst erschaffen hat – nein, nicht ich nur alleine, auch waren andere ebenfalls involviert, sodass ich mir diesen heute „drückenden" Schuh nicht alleine anziehen muss, aber die Hauptverantwortung lag dennoch, um es nicht schön zu reden, bei mir.

Ich möchte vorausschicken, dass ich das nicht in Erwähnung bringe aufgrund einer neurotischen Geltungssucht, denn dazu ist diese Offenbarung, bewerte ich sie jetzt aus meiner ethischen Sicht doch immerhin durch Scham gekennzeichnet – Scham darüber was einst die Motive waren, nämlich „Arbeitssklaven" zu züchten.
Diese „fremden Federn", so glaubt mir, heftet sich niemand freiwillig an, sollte dies nicht den Fakten und der nackten Wahrheit entsprechen.
Der Fehler bestand also mit schon in der ersten Ausführung, nämlich vorerst nur männliche Spezies zu erschaffen, denn schließlich sollten eben jene Menschen kräftig und robust sein, körperliche Arbeiten spielend bewältigen

können. Hierzu eigneten sich jene noch affenartige Wesen durchaus – kombiniert mit der zur Verfügung stehenden DNS der unsrigen E.T Gene. Der Nachteil der Züchtung ergab sich jedoch recht schnell, denn das „Mix" ging zulasten des Emotional Körpers und es schlich sich ebenfalls durch die bewusste Manipulation der DNS ein folgenschwerer Fehler ein, nämlich, dass der vorerst positive Nutzen bei der männlichen Spezies die Überbrückung der beiden Gehirnhälften getrennt wurden, was eine Polarität bewirkte. Die männliche Spezies sollte ja schließlich lediglich rational dienend als Arbeitssklaven tätig werden und keineswegs „Beethovens Unvollendete" vollenden. Da dieser Umstand jedoch zulasten der Gemütsverfassung ging und ich von Grund auf einen besonderen Faible für die weibliche Spezies hatte entschied ich mich Frauen zu erschaffen. Nun, wie es aus der Bibel hinreichend bekannt ist (wenn auch überaus blumig dargestellt), so geschah das Unvermeidliche: Die Menschen pflanzten sich fortan selbst fort.

Ich, Gaia (die Gebärerin) – wie man mich ebenfalls nannte, frohlockte, denn war ich nicht selbst immerzu und vielfältig am Gebären gewesen? Jedoch eines hatte ich nicht einbezogen in meinen eifrigen Bemühungen des Gen – Experiments, nämlich dass das eintreten würde was zuvor auch schon mir als erste Verkörperte widerfahren war, nämlich, dass die männliche Spezies als nicht gelungenes Experiment anzusehen war, denn hatte ich als Gaia hinsichtlich des Uranos nicht reichlich Gelegenheit gehabt festzustellen, dass Er unseren gemeinsamen Nachwuchs geradezu zwanghaft verspeisen wollte? Nicht anders war es um meinen Sohn Chronos bestellt. Seine Gefährtin hatte ebenfalls das Nachsehen.

So geschah es nun fortwährend auf Terra, oder nennt sie Gaia, obgleich dies einer Ehrung gleichkäme und das sollte hier doch einmal ins rechte Licht gerückt werden. Wenngleich auch, das könnte mir man mir zugute halten, keine böse Absicht dahinter lag die DNA so zu manipulieren, lediglich Pragmatismus der Mission wegen, so war es zumindest Naivität gepaart mit anfänglicher Verantwortungslosigkeit.
Kein Mensch hierorts sollte richten und verurteilen – aber auch kein Mensch hierorts sollte die Titanen und Götter lobpreisen!
Zu entschuldigen ist es nämlich keineswegs, betrachtet man es aus der ethischen Sicht, dass man aufgrund des fehlerhaften Experiments eine Sintflut (und nicht nur eine) auslöste um sich der Angelegenheit zu entledigen. Was

nachweislich nicht wirklich gelang.

Die Menschheit, zumindest ein ausreichender Anteil überlebte und das Dilemma, auch bis in die heutige Zeit hinein, ist jedem halbwegs wachen Menschen bewusst – vorwiegend die männliche Spezies zerstört – mordet – vernichtet – verpestet – schändet und verletzt ihre Artgenossen / Artgenossinnen und die Erde, die gute Terra. Die Ergebnisse sind offenkundig und sind nicht zu beschönigen. Nein, sie wissen nicht was sie tun! Sie haben einen Gen Defekt und daran sind sie unschuldig. Welch ein Segen doch die eingeleitete Mutation – welche unter uns gesagt vorwiegend künstlich eingeleitet wurde, sozusagen als allerletzter rettender „Anker" bevor die Erde selbst noch zerstört wird, doch ist! Möge dieses Experiment erfolgreich sein!

Was war meine Konsequenz? Diese war hart. Wenn ich auch freiwillig eine Verkörperung wählte – keiner hatte mich gezwungen – so habe ich das immerhin 43 Jahre lang in Demut abgearbeitet. Ich habe stets heilerisch – pflegerisch – medial gedient – in immerwährender Demut und Armut – habe mich vollständig der Geistheilung bedient um immerzu helfend tätig zu sein – habe den Walk-

In Transfer mit all eben jenen einst Mitverantwortlichen geleitet und inzwischen dafür gesorgt dass derzeit immerhin über 3 Millionen E.T Seelen hier auf der Erde tätig sind um die Situation Erde zu verbessern, denn das können nur E.T Seelen da sie die herausragenden Fähigkeiten besitzen die dem durchschnittlichem Menschen hierorts nicht eigen sind oder deren Bewusstseinszustand noch nicht ausreicht um diese zu entdecken oder gar zu gebrauchen. Auch habe ich unermüdlich die Äther Ebene gereinigt, die Erde von schädlichen E.t´s befreit – diese ebenfalls, falls möglich geheilt und es war stets eine Tätigkeit die ich mit einer wohlwollenden Zufriedenheit ausgeführt habe.

Das war meine Transformation … Erinnern … Erkennen … Buße tun, jedoch nicht wie der Katholik der sündigt und nur fix zum nächsten Beichtstuhl rennt und sich die Absolution eines Geistlichen abholt – dreimal ein „Ave Maria" erklingen lässt und eine Kerze am Altar stiftet und glaubt dem wäre damit genüge getan!
Eine Buße, oder nennen wir es hier gerne Karma Ausgleich ist es erst dann, wenn man im Nachhinein verinnerlicht hat worin der Fehler zu finden war und diesem bei nächster Gelegenheit wieder gut macht -

den Ausgleich dazu schafft – der Ausgleich – die Gerechtigkeit walten lässt, dass was ich ebenfalls in meiner Seelenessenz bin – die MAAT – wie sie die ägyptische Kultur immer bezeichnet hat – die Maat nicht auf eine bestimmte Verkörperung festgelegt ist, nein, diese hat bereits, auch mit meiner Seele mehrfach reinkarniert, jeweils in einer anderen Verkörperung – immer dienend und stets ausgleichend. Jedoch in zumeist verantwortungsvollen „Posten", denn das ist Maat – wurde etwas Verantwortungsloses geschaffen, so muss dies in Verantwortlichem ausgeglichen werden! Das ist entgegen der hiesigen Annahme einiger Menschen keineswegs als NUR Privileg zu betrachten, denn Verantwortung bringt in der Regel auch viel Arbeit mit sich – was heißt: Vorwiegend geben und kaum etwas erhalten!
Denn Geben ist (macht) seliger denn Nehmen!

Eventuell konnten meine Offenbarungen bei einigen von euch ebenfalls Gebeutelten oder noch nicht Erwachten Menschen einige neue Blickwinkel und Horizonte eröffnet werden – Sinn würde es immer machen, denn in der Zeiten der Transformation sitzen wir derzeit alle im selben Boot. Keiner der hier Anwesenden hat einen Heiligenschein mit auf Erden genommen.

Fazit: ES wird jedenfalls höchste Eisenbahn, dass die Mutation dazu führt, dass der Mann wieder bereitwillig ein Stück weit das feminine Terrain betritt und zwar in jeder Hinsicht – wir, die Erde, kann nicht auf die nächste evolutionäre Phase warten bis der Prozess eingeläutet wird, dass in Zukunft die Spezies Mensch ausschließlich androgyn wird. Das ist zwar vorgesehen – aber dies liegt noch in weiter Ferne – so haben es jedenfalls viele E.T Völker lösen können – auf Dauer – dieses grundsätzliche Problem der Zerstörung des eigenen Lebensraumes! Womit ich nicht sagen möchte, dass es NUR die männliche Spezies ist – nein – auch derzeit gehäuft vermännlichte Frauen haben ihren Anteil daran. Auch an diese geht das Wort.

Ich habe so oft als Hebamme geholfen Leben zu schenken, auch habe ich als Gaia und Ennias Cu bereits tausendfach geboren und Leben erschaffen, einmal abgesehen von einigen irdischen Inkarnationen, einschließlich dieser hier, welche zwar keine Reinkarnation war, allenfalls eine freiwillige Verkörperung, aber diese hier beschriebene Transformation und die Offenbarung hier war in der Tat die schwerste

Geburt die ich je erlebt habe!

Mit herzlichem Gruß Eure * Viv-wi * - Christine Inge Barth

Nachtrag zu Anat (Anath)

Anat oder **Anath** („Vorsorge", „Vorsehung", „Himmelswille") ist eine altägyptische und eine altsyrische Göttin des Krieges, Schutzgöttin gegen wilde Tiere. Neben ihrer Rolle als Kriegsgöttin fungiert Anat auch als Liebesgöttin. Wahrscheinlich ist diese Göttin ursprünglich nicht ägyptisch, sondern wurde durch vorderasiatische Immigranten nach Ägypten gebracht.

Die mythologischen Texte von Ugarit geben uns ein genaueres Bild dieser Göttin. Sie ist die Tochter des Gottes El und der Aschera (Göttin) und soll mit ihrem Bruder Ba'al verheiratet sein; es wird auch der Seuchengott Reschef als ihr Gemahl genannt. Sie ist die Urmutter, aus der das Weltall und alle Götter hervorgegangen sind. Als Liebesgöttin verliert sie niemals ihre Jungfernschaft, obwohl sie Geliebte aller Götter ist.
Anat ist gleichzeitig Göttin des Lebens und des Todes. Sie kann grausam und blutrünstig sein und schmückt sich mit Schädeln und den Händen der von ihr Ermordeten.

Mot, der Gott des Todes und der Dürre, hatte ihren Bruder Ba'al in die Unterwelt gelockt, ihn dort sterben lassen und gab auch seine Leiche nicht heraus. Daraufhin stürzte Anat wutentbrannt in die Unterwelt, zerstückelte Mot mit einer Sense und verstreute dessen Überreste über die Welt; der dadurch erlöste Ba'al kam wieder auf die Erde und brachte neue Fruchtbarkeit über das Land. Der Mythos erinnert an Ischtar und Tammuz.

Es gibt auch Quellen, die Anat als außerordentlich grausam beschreiben, so habe sie alle Anhänger Ba'als abschlachten lassen, die nicht auch zu *ihr* beteten.

Anat in Ägypten

Die semitische Göttin Anat ist seit dem Mittleren Reich in Ägypten bekannt, erlangte aber erst in der Ramessidenzeit (19. Dynastie) größere Bedeutung. Sie erscheint von Anfang an als kriegerische Göttin, die den König, seine Pferde und seinen Streitwagen beschützt. In ihrem Wesen zeigt sie also eine große Ähnlichkeit zu Astarte, mit der sie oft zusammen erwähnt wird. Entgegen der in der kanaanäischen Mythologie vorgesehenen Jungfräulichkeit Anats erscheint sie sogar als säugende Mutter des Königs, da sie nicht nur als Göttin des Sieges, sondern auch der Fruchtbarkeit galt. In privaten Inschriften wird Anat nur selten erwähnt, darunter insbesondere in mehreren mythologischen Texten wie zum Beispiel dem Streit von Horus und Seth.

http://de.wikipedia.org/wiki/Horus#Der_Streit_zwischen_Horus_und_Seth

Bibel

In den biblischen Texten wird Anat nicht ausdrücklich erwähnt. Möglicherweise finden sich dennoch

Anspielungen auf sie. Insbesondere die Identifizierung der „Königin des Himmels" in Jeremia 7 und 44 mit Anat wurde diskutiert. Daneben findet sich Anat wieder im Personennamen Schamgar ben Anat und möglicherweise in den Ortsnamen Bet Anat und Anatot.

Ikonographie

Anat wird in Ägypten mit einem doppelten Flügelpaar, zwei sogenannten Hathorlocken, abgebildet sowie zwei Hörnern, zwischen denen eine Sonnenscheibe steht. Dargestellt wird sie mit einem Schild, einer Streitaxt, einem Speer und einer hohen Krone mit Straußenfedern (auf manchen Darstellungen auch mit Helm und einem doppelten Flügelpaar).

Quelle: http://de.wikipedia.org/wiki/Anat_(G%C3%B6ttin)

Weiteres Bildmaterial:

https://www.google.de/search?q=anat+anath&rlz=1C2KMZB_enDE543DE550&source=lnms&tbm=isch&sa=X&ei=-Zm-UsPlN8fPtQb-0YGoDw&ved=0CAcQ_AUoAQ&biw=1366&bih=605

Michelangelo di Lodovico Buonarroti Simoni
4 9 3 8 5 3 1 5 7 5 3 6   4 9   3 6 4 6 4 9 3 6   2 3 6 5
1 9 9 6 2 9   1 9 4 6 5 9
59   13   41   52
34

= 199 = 1+9 +9 = 19 = 10 = 1
  = 88 = 8+8 = 16 = 7
  = 111 = 1+1+1 = 3
         7+3 = 10 = 1
            1+1 = 2

http://de.wikipedia.org/wiki/Michelangelo /
http://de.wikipedia.org/wiki/Sibylle_von_Cumae

Da stellt sich die Frage: Warum hat ER das gemalt? Auf der Suche nach der Verbindung zu Sibylle von Cumae ergeben sich folgende Berechnungen und Ergebnisse aus der Numerologie die faktisch – pragmatisch und unbestechlich sind:

Interessant … identischer Seelencode:

Name (Innere u: Äußere Werte)	Namenszahl	Äußere Werte	Innere Werte	Quintessenz
Michelangelo di Lodovico Buonaroti Simoni 1	1 = 2		7	3
Nut ^	1		7	3

1   = 2
(Tochter v. Tefnut * u. Schu. / Schu = Bruder u. Gatte v. Tefnut *)

Amenophis I. (etc.)   1   7   3
1   = 2

(Aschera ^   1   3   7
1   = 2)
(Mutter v. Anat)

(Chaos ^   1   3   7
1   = 2)
(Urquelle / Urgott / „Vater" v. Gaia (= Tefnut)*)

* Auge des Re / Nubische Katze / Löwe

Name	Namenszahl	Äußere Werte	Innere Werte	Quintessenz
(Innere und Äußere Werte)				
Ana ^ = 5 (Gattin v. Anu (Zeus))	7	5	2	7
Sibylle 7 = 5 von Cumae (Prophetin)	7	5	2	
Schamgar (= Anat*) = 5	7	5	2	7
Ba ' al ^ = 5 (Bruder u. Gatte v. Anat*)	7	5	2	7

Zum Vergleich:

| Anat ^ (Anath)* = 9 | 9 | 7 | 2 | 9 |
| Christine Inge Barth = 9 | 9 | 7 | 2 | 9 |

Name				
Gaia ^ = 9 (Entsprechung: Tefnut)	9	7	2	9
Helena 9 = 9	9	7	2	

(Tochter **der Hohepriesterin Rian und des römischen** Prinzen Coelius? **(Albion)* Siehe Info!**

Zum Vergleich:

Name				
Anath ^ (Anat)* 8 = 7	8	6	2	
Dagda ^ = 7 (Gefährte v. Morrigan)	8	6	2	8
Maat ^(* Auge des Re) = 7	8	6	2	8
Isolte (Artus Ära) = 7 * Siehe Info!	**8**	**6**	**2**	**8**
Inanna (Ninegal) ^ = 7	8	6	2	8
Atlas ^ = 7 (Vater v. Elektra)	8	6	2	8
Kischar – Gal ^ = 7 (Mutter o. Vater v. Anu)	8	6	2	8
Nannar ^ = 7 (Hermes / Sin)	8	6	2	8
Damkina (Ninhursag) = 7	8	6	2	8
Owein fab Uriens	8	6	2	8

= 7
(Sohn v. Morgan Le Fay u. Uriens von Rheget)

Morrigan (Morgan le Fay)
(Gefährtin v. Dagda)   5 (2)*   7   7   5
= 1/7

Gaea (Gäa / Gaia) ^   5 (2)*   7   7   5
= 1/7

Interessant … identischer Seelencode: (Siehe unten Berechnung)

Name	Namenszahl	Äußere Werte	Innere Werte	Quintessenz
(Innere und Äußere Werte)				
Sibylle = 6 (Prophetin)	3	7	5	3
Prinz Coelius = 6 **(Gatte v. der Hohepriesterin Rian** / Vater v. Helena / Albion)	3	7	5	3
Enki = 6 (Sohn v. Anu u. Id)	3	7	5	3

Familienbande:

Senenmut = 6	3	8	4	3
Kumarbi = 6 (Sohn v. Anu)	3	8	4	3
Ninhursag = 6 (Tochter v. Anu u. „Der ominösen Ärztin aus Altair")	3	8	4	3

Anubis   3   8   4   3
= 6

S i b y l l e
1 9 2 7 3 3 5 = 30 = 3
1   2 7 3 3   = 16 = 7
   9   5 = 14 = 5
                7+5 = 3
                3+3 = 3

S i b y l l e v o n C u m a e
1 9 2 7 33 5 4 6 5 3 3 4   1 5 = 61 = 6+1 = 7
1   2 7 3 3   4   5 3   4   = 32 = 5
    9   5   6   3   1 5 = 29 = 11= 2
                                    5+2 = 7
                    7+7 = 14 = 1+4 = 5

A N A T H
1 5 1 2 8   = 17 = 8
   5   2 8   = 15 = 6
1   1   = 2
Quintessenz: 6+2 = 8
 Gesamt: 8+8 = 16 = 1+6 = 7

A n a t
1 5 1 2   = 9
   5 2   = 7
1 1   = 2
Quintessenz: 7+2 = 9
Gesamt: 9+9 = 18 = 1+8 = 9

C h r i sti ne   In ge B a r t h
3 8 9 9   1 2 9 5 5   9 5 7 5   2 1 9 2 8 =
51   26   22   = 99 = 18 = 9
3 8 9   1 2   5   5 7   2 9 2 8   = 61 = 7
      9   9 5 9   5   1   = 38 = 11 = 2
                             Quintessenz: = 9
                              Gesamt: = 9

G A I A (=Tefnut)

7 1 9 1 = 18   = 9
7   = 7
  1 9 1 = 11   = 2
    7+2 =   = 9
9+9 = 18 = 1+8 = 9

S c h a m g a r (=Anat)
1 3 8 1 4 7 1 9   = 34 = 7
1 3 8   4 7 9   = 32 = 5
      1   1   = 2
Quintessenz: 5+2 = 7
Gesamt: 7+7 = 14 = 1+4 = 5

M o r g a n L e F a y
4 6 9 7 1 5 3 5 6 1 7 = 54 = 9
4   9 7   5 3   6   7 = 41 = 5
   6   1   5   1   = 13 = 4
                       = 9
                       = 9

M o r g a (i) n e L e F a y (Siehe Nächste Seite!)
4 6 9 7 1 5 5 3 5 6 1 7 = 59 = 14 = 5 (68) (mit i – Morgain) = 5
4   9 7   5   3   6   7   = 41 = 5
   6   1 5 5   1   = 18 = 9 (mit i – Morgain) = 9
                           = 5
                           = 1

F a t a M o r g a n a (siehe Nächste Seite!)
6 1 2 1 4 6 9 7 1 5 1 = 43 = 7
6 2   4   9 7 5   = 33 = 6
 1 1   6   1 1   = 1
                   = 7
                   = 5

M o r r i g a n (Morgan Le Fay)

```
4  6 9 9 9 7  1 5 = 50 = 5
4    9 9    7    5 = 34 = 7
     6     9    1  = 16 = 7
                   = 5
                   = 1
```

Name	Namenszahl	Äußere Werte	Innere Werte	Quintessenz Gesamt
Fata Morgana (Morgan Le Fay)	7	6/9 **	1	7 = 5
Ningishzidda (Hermes / Thot / Theuti)	7	6/9 **	1	7 = 5
Tefnut ^	7	1	6/9	7 = 5
Seschet (Seschat) ^	7	1	6/9	7 = 5

Identischer Seelencode:

Morgane Le Fay	5 (2)*	5	9/6**	5 = 1/7*
Hatschepsut (Maat ka Re)	5 (2)*	5	9/6**	5 = 1/(7)*
Ennias Cu (Ärztin v. Altair) (Mutter v. Ninhursag)	5 (2)*	5	9/6**	5 = 1/(7)*

Vorhandene Zahlen: 7 – 6 – 1 – 9 – 5 Geburtstag Christine Barth: 7.6.1965.

Es zählen <u>nur</u> Vorhandene Zahlen – mehrfach Gleiche zählen nicht.

* Anmerkung: In ( ) gesetzte Zahlenwerte wie (2)* können in der Benennung der Namenszahl auch ausgetauscht werden, wenn wie z.B im Fall Morgane Le Fay eine Frau ist und damit eine Hohepriesterin anstatt Hohepriester ist. So verhält es sich auch umgekehrt (2 (5)*. Ich errechne deshalb beide Werte zusätzlich noch einmal zusammen, da sie eine zusätzliche Energie offenbaren: 5 + (2)* = (7)*.
Beispiel: 5 (Namenszahl) + 5 (Quintessenz) = 10 = 1 + 0= 1.
(2)* (Namenszahl) + 5 (Quintessenz) = 2+5 = (7)*.

Seelencode Christine Inge Barth mit Geburtsdatum (Namen + Geburtsdatum 7.6.1965):

7 - 7 - 2 - 9 = 7

** 6 / 9 - Umkehrzahlen mit einbeziehen. Also: die 6 konnte mit der 9 ergänzt werden. Der Grund war folgender: Die 6 ist = Liebe und die 9 ist = Weisheit. Liebe und Weisheit sind beide untrennbar, dass heißt, Liebe ist ohne Weisheit nicht von Bestand und Weisheit ist ohne Liebe nicht von Bestand. Im Tarot symbolisiert die 6 der großen Arkana „Die Liebe", die 9 ist „Der Eremit" oder der „Der Weise / Erleuchtete" - somit ergibt sich dann diese Regel. Dies durfte jedoch nur bei der 2. und 3. Zahl (Äußerer Wert und Innerer Wert) angewendet werden - die Namenszahl (1. Zahl) muss unberührt bleiben. Ich weiß ... ich weiß ... "Zaubertricks" - aber hatte ich mir vor Jahrtausenden mal ausgeheckt! ;-)

Name   Namenszahl   Äußere Werte   Innere Werte
Quintessenz   Gesamt

Morgan le Fay   9   5   4
9   = 9
(Morgane Le Fay)

Ninkatu
(Kind v. Enki u. Ninhursag) 9   5   4
9   = 9

Cosimo I. de´Medici +
(Vater des Francesco I.)   9   5   4
9   = 9

Maria Salviati   9   5   4
9   = 9
(Muter v. Cosimo I. de´Medici)

* Helena:
http://de.wikipedia.org/wiki/Die_Priesterin_von_Avalon

(Realität oder nur Fantasy?)

Oder: * Helena: **(Die schöne Helena) = Tochter der Leda und Zeus (=Anu)**

* Isolte:

http://www.associatedartists.net/accessories/miscellaneous/isolte_and_morgan_le_fay_cottier_tile_panels

(Zufall?)

Auflistung der großen Ankarna nach Crowly zwecks Zuordnung der Zahlenenergien:

1 – Der Magier (Die Zauberin)

2 – Die Hohepriesterin

3 – Die Kaiserin

4 – Der Kaiser

5 – Der Hohepriester

6 – Die Liebenden

7 – Der Wagen

8 – Die Ausgleichung

Pachet (Pechet) ^ = Ihr Name bedeutet „Die Kratzende"
oder „Zerreißende". Sie hat meist die Gestalt eines Löwen,
erscheint aber auch als Frau mit Löwenkopf, die
eine Sonnenscheibe auf dem Kopf trägt
Sie wurde mit den Göttinnen Weret
Hekau, Sachmet und Isis gleichgesetzt. Als Löwengöttin gehört
sie auch zu jenen Gottheiten, die an der „Augensage" teilhaben.
Der Kult um Pachet war örtlich wenig begrenzt. Ihr
Haupteinfluss- und Hauptkultgebiet war die Gegend von Beni
Hasan in Mittelägypten. Hier liegt ihr Tempelheiligtum, ein
Felsentempel, der von Königin Hatschepsut angelegt und
von Thutmosis III. sowie Sethos I. dann weiter ausgebaut
worden ist. Von den Ptolemäern wurde das Heiligtum
später Speos Artemidos („Grotte der Artemis") genannt, da sie
Pachet mit ihrer griechischen Göttin Artemis gleichsetzten. Für
ihren Kult entstanden in der Spätzeit ausgedehnte
Katzenfriedhöfe in Tempelnähe.

| Pachet | 8 | 2 | 6 |

8		= 7		
Ninegal (Inanna)		8	2	6
8	=7			

Hathor ^= Muttergottheit - Totengöttin **und Göttin der Liebe, des Friedens, der Schönheit, des Tanzes, der Kunst und der Musik. Auf der Statuengruppe des Mykerinos aus der 4. Dynastie ist** Hathor **an der linken Seite von Mykerinos mit dem Bat-Emblem abgebildet, während** Hathor **an seiner rechten Seite in ihrer Eigenschaft als Personifikation des** SIEBTEN **oberägyptischen Gaus auftritt. Gut erkennbar ist das Gehörn der** Hathor **mit der dazwischen liegenden** Sonnenscheibe **… Ab der 11. Dynastie verschmolz die Göttin Bat vollständig mit** Hathor**. Ihr Name bedeutet „Haus des Hor" beziehungsweise „Haus des Horus", wobei sich der Namensbestandteil „Haus" von der Bedeutung** „Mutterschoß" **ableitet, der** Horus **umgibt. Das Ideogramm stellt daher meist einen** Horusfalken **im „Mutterschoß" dar. Als spätere** Gemahlin des Re **und** Mutter des Horus **bildete sie den umschließenden Mutterleib, aus welchem Horus als ihr Sohn entsprang. In Verbindung zu einem Mythos um die Göttin Sachmet erscheint sie** löwen- oder schlangenköpfig **sowie als Gebieterin des Westens mit der dazugehörigen Hieroglyphe "Westen".**
Ihre mythologischen Anfänge mit Re **werden wie folgt beschrieben:** Re **öffnet im Inneren des** Lotus **seine Augen in dem Moment, in dem er das** Urchaos **verließ. In seinen Augen bildete sich eine Flüssigkeit, die zu Boden fiel: Sie verwandelte sich in eine schöne Frau, der man den Namen** „Gold der Götter, Hathor die Große, Herrin von Dendera" **gab. In einem Mythos verwahrt** Hathor **über Nacht** Re **in ihrem Leib und gebärt ihn jeden Morgen neu. In anderen Mythen ist** Hathor das Auge des Re selbst. **Im Neuen Reich wird Re entsprechend mit dem Epitheton Kamutef als „Stier seiner Mutter" genannt, der sich „durch** Hathor **selbst zeugte". Damit repräsentiert** Hathor **das** weibliche Element des göttlichen Königtums **und ermöglicht so die**

zyklische Wiedergeburt **des Königs als ursprünglich herrschender Horus.**
Im Mythos „Die Vernichtung der Menschheit" ist Re **über die Schlechtigkeit der Menschen enttäuscht und schickt Sachmet, um die bösen Menschen zu töten.Sachmet verfällt jedoch in einen Blutrausch und tötet immer mehr Menschen. Durch einen Plan des** Thot **wird Sachmet betrunken gemacht, um sie aufzuhalten und während sie schläft, verwandelt** Re **sie in** Hathor.

Hathor ^	7	9	7
7	= 5		
Elke Atzinger (Barth)	7	9	7
7	= 5		

(Mutter v. Christine Inge Barth)

Anat **oder** Anath ^

(„Vorsorge", „Vorsehung", „Himmelswille") **ist eine altägyptische und eine altsyrische Göttin des** Krieges, Schutzgöttin gegen wilde Tiere. **Neben ihrer Rolle als Kriegsgöttin fungiert** Anat **auch als** Liebesgöttin. **Sie ist** die Urmutter, aus der das Weltall und alle Götter hervorgegangen sind. Anat ist gleichzeitig Göttin des Lebens und des Todes. **Sie kann grausam und blutrünstig sein und schmückt sich mit Schädeln und den Händen der von ihr Ermordeten. Sie erscheint von Anfang an als kriegerische Göttin, die den König, seine Pferde und seinen** Streitwagen **beschützt... erscheint sie sogar als** säugende Mutter des Königs, **da sie nicht nur als** Göttin des Sieges, **sondern auch der** Fruchtbarkeit **galt. In privaten Inschriften wird** Anat **nur selten erwähnt, darunter insbesondere in mehrerenmythologischen Texten wie zum Beispiel dem** Streit von Horus und Seth. **In den biblischen Texten wird** Anat **nicht ausdrücklich erwähnt. Möglicherweise finden sich dennoch Anspielungen auf sie. Insbesondere die Identifizierung der** „Königin des Himmels" **in Jeremia 7 und 44 mit** Anat **wurde diskutiert. Daneben findet sich** Anat **wieder** im Personennamen Schamgar ben Anat. Anat **wird in Ägypten mit einem doppelten Flügelpaar, zwei Hathorlocken, abgebildet sowie zwei Hörnern, zwischen denen eine** Sonnenscheibe **steht. Dargestellt wird sie mit einem Schild, einer Streitaxt, einem**

Speer und einer hohen Krone mit Straußenfedern (auf manchen Darstellungen auch mit Helm und einem doppelten Flügelpaar).

Anath ^ (Anat)* 8 = 7	8	6	2	
Maat ^(* Auge des Re) 8 = 7		6	2	8
Inanna (Ninegal) ^ = 7	8	6	2	8
Anat ^ (Anath)* = 9	9	7	2	9
Christine Inge Barth = 9	9	7	2	9
Gaia ^ = 9	9	7	2	9
Schamgar (= Anat*) = 5	7	5	2	7
Ana ^ = 5 (Gattin v. Anu (Zeus))	7	5	2	7
Sibylle 7 = 5	7		5	2

von Cumae (Prophetin)

Tefnut ^ Beinamen: „Nubische Katze", „Wahrheit" ist eine <u>altägyptische Göttin</u>, die zu den neun Schöpfergottheiten der heliopolitanischen Kosmogonie (Enneade von Heliopolis) gehört. Sie symbolisierte das Feuer. Zusammen mit ihrem Bruder, dem Luftgott Schu, war sie die erste, die aus dem Körper der Schöpfergottheit Atum hervorgegangen ist, und somit entstand die Zweigeschlechtlichkeit. Auch wird Tefnut nicht als Löwin, sondern als nubische Katze beschrieben. Wenn aber Zorn sie packt, verwandelt sie sich immer wieder in eine „wilde Löwin". Tefnut ist die Uräusschlange, die zugleich als Sonnenauge wirkt. Die ungebändigte Kampfeslust der Löwin

entlädt sich nun in ihrer Macht als Stirnschlange des Re. Der Papyrus Harris sagt: „Wenn Re den Himmel jeden Morgen durchfährt, dann ruht Tefnut auf seinem Haupt und sendet ihren Feuerhauch gegen seine Feinde". Die Doppelseitigkeit ihres Wesens kommt auf einer Inschrift in Philae zum Ausdruck: „Als Sachmet ist sie zornig, als Bastet fröhlich". Beide, Sachmet, die grimmige Löwin, und Bastet, die heitere Katze, sind in Tefnut vereint. Nach der späteren Verschmelzung der Götter Atum und Re zu „Atum-Re" wurden Schu und Tefnut damit auch zu Kindern des Re. Dargestellt wurde Tefnut menschengestaltig mit einem Löwenkopf oder in ihrem Hauptkultort Leontopolis (Löwenstadt) als Löwe. Sie trägt eine Sonnenscheibe auf dem Kopf, die von zwei Schlangen umringt ist. Daher trägt Tefnut auch den Beinamen „Herrin der Schlange" oder „Stirnschlange am Haupte aller Götter".
In Buto kennt man sie als flamingogestaltiges „Kind des unterägyptischen Königs", in Elkab erscheint sie in Gestalt eines Geiers.

Tefnut ^ (Auge des Re)   7   1   6/9
7   = 5

Artemis (siehe Pachet): http://de.wikipedia.org/wiki/Artemis

Gaia: http://de.wikipedia.org/wiki/Gaia_(Mythologie)

Ennias Cu **(Meister des Lichtes von Altair und Leiter dieses Projektes ANASTAR): Frage: Ist das Projekt ANASTAR ein in sich geschlossenes Heilungssystem?**
Ennias Cu: Ein fertiges Heilungssystem gibt es niemals, denn die Quelle ist offen für alle Entwicklungen, die die Seelen unternehmen, auch in ihren vielfältigen Möglichkeiten, sich in der Dunkelheit zu bewegen. So wird sich dieses System stetig anpassen an eure Energie und Bedürfnisse und entsprechend weiter aufbauen.
Frage: Ennias Cu, bist du es, der dieses System übermittelt und wer bist du?
Ennias Cu: „Ich bin der Gesamtleiter dieses Projektes der Liebe Namens ANASTAR, wenn du es so sehen möchtest, doch es gibt

noch einige andere wunderbare Wesen, unter anderem Sananda und Meister des Lichts von Altair.

CERMIAS CEIJ MACVEIJ - Frieden breitet sich aus in eurem Feld. Frieden in eurem Denken, in eurem Tun in eurem Leben. Frieden…

Wir beginnen, das Feld des Friedens des Sterns Altairs auf diese Erde zu bringen.

Mit dieser Hilfe ist es möglich, für sich selbst in den inneren Frieden zu gelangen und so habt ihr die Möglichkeit, dieses Energiefeld in Anspruch zu nehmen oder euch eines anderen Weges zu bedienen. *CERMIAS COR* – das Friedenstor öffnet sich."

Aní o´heved o´drach. Helau amnes matai. An´anasha.

Morga (i)n Le(a) Fay(e) = "Lady Portia"

Portia ist die **Wächterin der Pforte** (lat. porta = Tor, Tür). Sie ist eine **Aufgestiegene Meisterin**, die durch viele Erdeninkarnationen die Anteile der **dreifaltigen Göttin** vollkommen entwickelt hat. Sie lebte in längst vergangenen Zeiten und Kulturen, so z.B. gegen Ende des **lemurischen Zeitalters**, als **Tod und Wiedergeburt** eingeführt wurden, um die Energie immer wieder zu erneuern. **Portia beobachtet den ewig wiederkehrenden Zyklus von Auf- und Untergang der Zeiten.**

M o r g a i n   L (e) a   F a y e

4 6 9 7 1 9 5 3   1   6 1 7 5 = 64 = 10 = 1 = **Der Magier**

4   9 7 1   5 3   6   7   = 42 = 6/9 = **Die Liebe** / **Der Weise**

    6   1 9   1   1   5   = 23 = 5 (2)* = 7 = **Der/Die Hohepriester**/in) / **Der Wagen**

Qintessenz: 6+5=11=1+1=2 / u. 9+5=14=5= **2/5 = Die**

Hohepriesterin / Der Hohepriester

Gesamt: 1+2=3 / u.1+5=6   = 3/6 = Die Kaiserin (Königin) / Die Liebe

Gelistet nach Geburtsdatum v. Christine Inge Barth (7.6.1965) = 1 – 5 – 6 – 7 – 9

Fata Morgana (Morgan Le Fay)   7   6/9 **   1   7   = **5** (2)*

Ningishzidda   7   6/9 **   1   7   = **5** (2)*
(Hermes / Thot / Theuti)

= **7** = **Der Wagen** / = **6/9** = **Die Liebe** / Der Weise / = **1** = **Der Magier** / = **5** = **Der** / Die **Hohepriester**(in)

Morgane Le Fay   **5** (2)*   5   9/6**   5   = **1/7***

Hatschepsut   **5** (2)*   5   9/6**   5   = **1/(7)***

Ennias Cu (Ärztin v. Altair)
(Mutter v. Ninhursag)   **5** (2)*   5   9/6**   5   = **1/(7)***

= **5** (2)* = **Der/**Die **Hohepriester**(in) / = **9/6** = **Der Weise/** Die Liebe/ = **1** = **Der Magier** /
= **7** = **Der Wagen**

Gelistet nach Namen:

Christine Inge Barth   9   7   2   9
= **9**

= 9 = Der Weise (= 6 Die Liebe) / = 7 = Der Wagen / = 2 = Die Hohepriesterin

Michelangelo di Lodovico
Buonaroti Simoni   1   7   3
1   = 2

= 1 = Der Magier / = 7 = Der Wagen / = 3 = Die Kaiserin / = (= 1 = Der Magier) /
= 2 = Die Hohepristerin / Der Hohepriester

Sibylle   7   5   2
7   = 5
von Cumae (Prophetin)

= 7 = Der Wagen / = 5 = Der Hohepriester / = 2 = Die Hohepriesterin

Weitere Auffälligkeiten:

Name   Namenszahl   Äußere Werte   Innere Werte   Quintessenz (Innere und Äußere Werte)

El   8   3   5
8   = 7
(Vater v. Anat)

Nimue *   8   3   5
8   = 7
(Vivien, Elaine, Niniane, Nivian, Nyneve, Nimueh, Nereide Thetis)

Merlin   8   3   5
8   = 7

Azimua (Kind v. Enki

Name				
u. Ninhursag) 8 = 7	8	3	5	
An (Anu) = 3	6	5	1	6
Nivian * = 3 (**Vivien** / **Avalon**)	6	5	1	6
Carl Zuckayer = 8 (**Urgroßonkel v. Christine I. Barth**)	4	3	1	4
Nyneve * = 8 (**Vivien** / Avalon)	4	3	1	4
Poseidon (**Enki**) 7 = 5 (Sohn v. Anu)	7	8	8	
Nimueh * 7 = 5 (**Vivien** / Avalon)	7	8	8	
Ensag = 2 (**Kind v. Enki u. Ninhursag**)	1	4	6	1
Viviane * = 2 (Avalon / **Entsprechung s. Nimue**)	1	4	6	1
Baba = 3 (Tochter v. Anu)	6	4	2	6
Nereide = 3 **Thetis *** (**Vivien**)	6	4	2	6

Name	Namenszahl	Äußere Werte	Innere Werte	Quintessenz
Elaine * = 2 (Vivien / Avalon)	1	8	2	1
Nisaba = 2 (Tochter v. Anu)	1	8	2	1

Fortsetzung:

Name (Innere und Äußere Werte)	Namenszahl	Äußere Werte	Innere Werte	Quintessenz
Nimiane * = 2 (Vivien / Avalon)	1	8	2	1
Ninharsag (Ninhursag) (Tochter v. Anu) = 2	1	8	2	1
Peleus = 3 (Gatte v. Nereide * / Avalon)	6	2	4	6
König Arthus = 3 (Albion / Avalon / Bruder v. Morgan Le Fay))	6	2	4	6

Fazit:

Einmal abgesehen davon, dass verschiedene Namensvarianten ein und derselben Person zu anfänglicher Ver(w)irrung führt …

es scheint mal wieder "Fata Morgana" daran "Schuld" zu sein... ;-)
Man kann Interessantes daraus Schlussfolgern, nämlich die Verbindungen der einzelnen Seelencodes führt letztlich imer wieder zur selben Familie mit jeweils anderen Verkörperungen bezw. anderen Namen (Niburianisch / Ägyptisch / Griechisch) – dieselben Seelen sind es dennoch! Und das führt allenfalls den Unwissenden in Verwirrung.
Ein Eingeweihter (Weiser / Weise / Erleuchtete) und / oder Familienangehörige dürfte hier nach eingehender Überprüfung den so genannten "Roten Faden gezogen haben". Es sollte sich somit nicht mehr die Frage stellen: "Who is Who?"
Da stellt sich nicht mehr die Frage: Warum hat ER (Michelangelo) das gemalt?
Falls doch: Nachsitzen! ;-)
Abschließend: Lassen wir doch nun *Ningishzidda (Hermes / Thot / Theuti)*
zu Wort kommen:

* 5 = ist der Meister, der Herr von aller Magie – Schlüssel für das Wort, das widerhallt unter den Menschen...

* 7 = ist der Herr der Weiten, Meister des Raumes und Schlüssel der Zeit... Groß ist die Weisheit der 7, mächtig sind sie aus dem Jenseits. Sie manifestieren sich durch ihre Macht und sind erfüllt mit Kraft des Jenseits.

* 9 = ist der Vater, riesigen Angesichts, formend und verändernd aus der Formlosigkeit heraus...

http://www.youtube.com/watch?v=FwuZ_euLjZo&list=WLmEiF1h99IpecEuX3j9iTT-zNBTVuoCKB

http://www.youtube.com/watch?v=IDKLXsz5nT0&list=WLmEiF1h99IpecEuX3j9iTT-zNBTVuoCKB

Tabelle zwecks Überprüfung / Berechnungen:

1: A, J, S
2: B, K, T
3: C, L, U
4: D, M, V
5: E, N, W
6: F, O, X
7: G, P, Y
8: H, Q, Z
9: I, R

Silvester Grüße 2013 / 2014 von Altair

Ihr Lieben,

verinnerlicht, dass die "dunkle" Seite und die "lichte" Seite unzertrennbar zueinander gehören - wie kann die Meisterin oder der Meister des Lichts das "Dunkle" bekämpfen, wenn sie / er selbst nicht in die Unterwelt hinabgestiegen ist?

Alles, egal wo, verinnerlicht diese beiden Seiten, entscheidend ist nur die Balance - die Ausgewogenheit - die Maat dieser beiden Mächte! Denn ohne das "Dunkle" seht ihr das Licht nicht!

Als Maat war ich oft zu Besuch auf Erden - die Ausgleichung herzustellen - auch dieses Mal war ich Euer Gast - befreite Euch von dem Ungetier der "Dunklen" Kräfte - nicht erkannt - verkannt - zumeist

nicht geliebt - und dennoch strahlt mein Herz licht für Euch - in Liebe, denn das ist meine innewohnend Essenz - wie sonst könnte ich es mit den "Dunklen" Mächten aufnehmen?

Einst als Euer aller Mutter - man nannte mich auch Muttergöttin Gaia - war ich die Hüterin der Quelle - als Morgan Le Fay bewachte ich den stillen See, die Brücke zu Avalon zu Albion - als Priesterin und Zauberin und weise Frau war ich hinabgestiegen mit meinem weißen Pferd - ihr nennt es Einhorn - ja, es war ein Zauberpferd.
All jenen die reinen Herzens sind offenbart sich das Einhorn in seiner Kraft und Lebendigkeit.

Ich bin die Königin des Himmels - öffne für Euch die Pforte zu einer Neuen Ära ... möge nun nur das Licht und die Liebe hindurch schreiten - meine Aufgabe als Maat neigt sich nun dem Ende zu - eine Mission war das Prüfen der Seelen ob diese bereit sind für diesen großen Schritt der Neuen Ära - eine wahrlich undankbare Aufgabe - aber eine notwendige Aufgabe.

Ich, Elektra, die "Glänzende" strahle für Euch mit meinem Sein - mögt auch ihr in Zukunft licht-hell erstrahlen!

Als Ennias Cu, Ärztin und Heilerin von Altair, schenkte ich Euch Heilung - Heilung Eurer Seelen - Heilung Eurer Lichtkörper - Heilung Eurer physischen Körper - mögt Ihr in Zukunft mit der Macht Eurer Gedanken Euch nun selbst Heilung bringen -
IHR seid MEISTER - ALLE seit IHR MEISTER des

LICHTS - ihr braucht mich nicht!
Und denkt daran: verteufelt nicht die Schlange - nicht umsonst ist sie als Symbol für die Heilung gewählt worden!

Dort wo die 7 - die Katze, der Löwe. die Schlange, der Raubvogel und das Allwissende Auge in Eurer Historie und Mythologie zu finden ist -
dort werdet Ihr mich auch Heute noch finden ...

Ich liebe Euch - ich wünsche Euch das Beste für den Jahreswechsel 2014 -
gleitet hinein in die Neue Ära - hinein in das Äon der Neues Zeit -
seid Liebe und Licht und bitte vergesst das nicht!

Von Herzen Eure * Gaia * - * Elektra * - * Ennias Cu *- * Morgan Le Fay *
auch * FATA MORGANA * genannt, jene die nicht erkannt und oft verkannt
immer wieder entschwunden war und nur ein glänzender Schein an sie erinnerte ...

Für Euch heute Viv -wi <3

****
Auf den nun folgenden Seiten findest Du die gesamte Liste der berechneten Seelencodes. Rot markiert ist jeweils der Hinweis auf mich selbst oder auf
die Stammväter Amun Re, Amun, Horus, Anu, Zeus und seine anderen Benennungen in der Mythologie.
Blau markiert sind jeweils die Aufgestiegenen Meister /

Meisterinnen, welche in der Regel bei mindestens einer vergangenen Inkarnation gelistet sind oder / und in unmittelbarer Nähe eines nächsten Verwandten. Nachfolgend findet sich eine Erläuterung zu den einzelnen Symbolen und Zeichen die jeweils in der Liste wiederholt auftauchen, sowie zusätzliche Informationen zu ausgesuchten Personen in der Liste.

Numerologische Tabelle - Seelencodes / ROT = Hinweis zu Christine Inge Barth

Name	Namenszahl	Äußere Werte	Innere Werte	Quintessenz (Innere und Äußere Werte)
Christine Inge Barth	9	7	2	9 = 9
Anat (Anath) ^	9	7	2	9 = 9
Elektra ^ (Tochter des Atlas / Gattin v. Zeus)	9	7	2	9 = 9
Helena ^ ** (Tochter v. Leda u. Zeus)	9	7	2	9 = 9
GAIA (Ge/ Gäa) ^* (Gattin des Titanen Uranos / Mutter v. Iapetos)	9	7	2	9 = 9
Nefuru Re (Tochter Hatschepsut)	9	2	7	9 = 9
Siddhattha Shakyamun*i* **** (Siddhartha Gautama Buddha)	9	2	7	9 = 9

Paolo Veronese (Aufgest. Meister) 9 = 9	9	2	7
Kalypso ^ 9 = 9 (Tochter v. Atlas)	9	2	7
Merope ^ (Tochter v. Atlas) 9 = 9	9	2	7
Asterope ^ 9 = 9 (Tochter v. Atlas)	9	1	8
Jupiter (Zeus / Anu) ^ 9 = 9	9	1	8
Amun Re ^ 9 = 9 (Vater v. Tefnut)	9	9	9
Lakadaimon ^ 9 = 9	9	9	9
Eurybia ^ 9 = 9	9	9	9
Thutmosis (I. / II: / III.) 9 = 9 (zu Ehren Amun Re)	9	9	9
Pietro Bonaventuri **8** = 8 (Geliebter der Bianca Capello) – „zwei Seelen in einer Brust" = Walk-In?	9	9	8
Horus (Ishkur / Ares) ^ 9 = 9	9	9	9
Hemen ^ 9 = 9	9	8	1
Ptah (Enki)^ 9 = 9	9	8	1

Hesperis ^ 9 = 9 (Gattin v. Atlas)	9	8	1
Mami (Ninhursag) 9 = 9	9	8	1
Anu (Anunnaki) ^ 9 = 9	9	4	5
Ninhursanga (Ninhursag) ^ (Tochter v. Anu) 9 = 9	9	4	5
Maria Magdala (Magdalena) 9 = 9	9	4	5
Cosimo I. de´Medici + (Vater des Francesco I.) 9 = 9	9	5	4
Maria Salviati +++ (Muter v. Cosimo I. de´Medici) 9 = 9	9	5	4
Morgan le Fay 9 = 9 (Morga(i)ne Le Fay)	9	5	4
Ninkatu (Kind v. Enki u. Ninhursag) 9 = 9	9	5	4
Christus (Jesus Christus) 9 = 9	9	6	3
Sananda (Jesus Christus) 9 = 9	9	6	3
Michaela Sieck 9 = 9 (Christine I. Barth´s beste Freundin)	9	6	3
Edgar Cayce 9 = 9	9	6	3

Athamas (böotischer König) 9 = 9	9	6	3
Mut (Gefährtin v. Amun) ^ 9 = 9	9	6	3
Thot ^ 9 = 9	9	3	6
Aites ^ Gatte v. Asterodia) 9 = 9	9	3	6
Xanthe ^ (Tochter v. Okeanus) 9 = 9	9	3	6
Werner Anton Barth 7 = 5 (Vater v. Christine I. Barth)	7	7	9
Ursula Sondheil (Shipton) 7 = 5 (Prophetin) # #	7	7	9
Lilith ^ ^^ 7 = 5	7	7	9
Julius Annaeus Seneca 7 = 5 (= Dardanos / Sohn v. Zeus u. Elektra)	7	7	9
Elke Atzinger (Barth) 7 = 5 (Mutter v. Christine I. Barth)	7	9	7
Ninlil (Enlils Hauptfrau) 7 = 5	7	9	7
Aruru (Ninhursag) 7 = 5	7	9	7
Hathor ^ +++ 7 = 5	7	9	7

Asopis ^

Name			
(Gattin v. Iapetos) 7 = 5	7	9	7
Apsyrtos (Bruder v. Medea) 7 = 5	7	9	7
(Mirco Andreas Barth) 7 = 5 (Sohn v. Christine I. Barth)	7	2	5
Marie Antoinette (Königin) 7 = 5	7	2	5
Ninhursarja (Ninhursag) ^ 7 = 5 (Schwester v. Nephthys u. Seth)	7	2	5
Nephthys ^ 7 = 5 (Zwillingsschwester v. Ninhursarja)	7	2	5
Seth (Enki) ^ 7 = 5 (Bruder v. Ninhusaja)	7	2	5
Enlil (Sohn v. Anu) ^ 7 = 5	7	2	5
Reptit ^ 7 = 5	7	2	5
Sethi I. (Pharao 19.D.) 7 = 5 (anderer Name v. Sethos I.)	7	2	5
(Alexander Barth) 7 = 5 (Sohn v. Christine I. Barth)	7	3	4
Tahuti ^ **(anderer Name für** Thot) 7 = 5	7	3	4
Ninurta (Ningirsu / Nimrod) 7 = 5 ((Enlils u. Ninhursags Tochter)	7	3	4

Name			
Crysomallos (Sohn v. Poseidon) 7 = 5	7	3	4
Ahmose (Mutter Hatschepsut) 7 = 5	7	4	3
Aphrodite ^ 7 = 5	7	4	3
Telephasa ^ **(Mutter v. Europa)** 7 = 5	7	4	3
Meritaton (Königin/ 18.D.) 7 = 5	7	4	3
Konfuzius 7 = 5	7	4	3
Florian Barth 7 = 5 (Sohn v. Christine I. Barth / **(geb. 20.4.90 / + 1.9.90)**	7	8	8
Josefine Demelbauer 7 = 5	7	8	8
Thomas von Aquin 7 = 5	7	8	8
Poseidon (Enki) ^ 7 = 5 (Sohn v. Anu)	7	8	8
Nimueh (Vivien / Avalon) 7 = 5	7	8	8
Harmonia ^ 7 = 5	7	8	8
Flavia Iulia Helena 7 = 5 **(Mutter v. Konstantin des Großen)**	7	8	8
Bernhard von Clairvaux 7 = 5	7	8	8

Amenhotep IV. (Echnaton) 7 = **5**	7	8	8
Serapis Bey 7 = 5 (Aufgestiegener Meister)	7	8	8
Tutanchatum 7 = **5** (Namensänderung wegen des Stiefvaters Echnaton)	7	8	8
Thetys ^ (Mutter v. Kalypso?) **6** = **4**	_7_	1	5
Seschet (Seschat) ^ 7 = 5	7	1	6
Tefnut ^ 7 = 5	7	1	6
Ares ^ 7 = **5**	7	1	6
Demeter ^ 7 = **5**	7	1	6
Theia ^ 7 = **5**	7	1	6
Aigle ^ (Nymphe / Tochter v. Atlas) 7 = **5**	7	1	6
Kasper (3 heilige Könige) 7 = **5**	7	1	6
Fata Morgana (Morgan Le Fay) 7 = 5	7	6	1
Uranos ^ 7 = **5** (Sohn u. Gatte v. Gaia)	7	6	1

Ningishzidda ^ (Hermes / Thot / Theuti) 7 = 5	7	6	1
Polydeukes (Sohn v. Leda / Bruder v. Helena) 7 = 5	7	6	1
Minos ^ (Sohn v. Zeus u. Europa) 7 = 5	7	6	1
Paracelsus 7 = 5	7	6	1
Hapi (Sohn v. Horus) ^ 7 = 5	7	6	1
Herakles ^ 7 = 5	7	5	2
Ana (Gattin v. Anu) ^ 7 = 5	7	5	2
Schamgar (= Anat) 7 = 5	7	5	2
Ba ' al ^ 7 = 5 (Bruder u. Gatte v. Anat)	7	5	2
Sibylle von Cumae 2 7 (Prophetin)	7 = 5	5	
Leto ^ (Mutter der Artemis) 7 = 5	7	5	2
Hatschepsut 5 = 1/7	5 (2)*	5	9
Ennias Cu (plejadische Ärztin v. Altair) (Mutter v. Ninhursag) 5 = 1/7	5 (2)*	5	9

Name			
Morgane Le Fay 5 = 1/7	5 (2)*	5	9
Christoph Kolumbus 5 = 1	5	5	9
Senui 5 = 1/7	5 (2)*	6	8
Djehuti ^ (Thot) 5 = 1/7	5	6	8
Jörg Barth 5 = 1 (Bruder v. Christine I. Barth)	5	2	3
Ereshkigal (Frau v. Enki) 5 = 1/7	5 (2)*	2	3
Ishkur (Ares / Horus) ^ 5 = 1	5	2	3
Ikur (Anu) 5 = 1	5	2	3
Jalarluddin Allah u Akbar (Indischer Großmogul 5 = 1	5	2	3
Bathazar (3 heilige Könige) 5 = 1	5	2	3
Johannes der Täufer 5 = 1	5	2	3
Marduk ^ 5 = 1 (Amun Ra /Amun Re / Ra)	5	1	4
Fata Alcina 5 = 1/7 (Schwester v. Fata Morgana)	5 (2)*	1	4
Kreios ^	5	3	2

5	= 1			
Isaak (Sohn v. Abraham) 5	= 1	5	3	2
Ereshkigal (Sohn v. Enki) 5	= 1	5	3	2
Hera ^ 5	= 1/7	5 (2)*	8	6
Rhea ^ 5	= 1/7	5 (2)*	8	6
Nefertem ^ 5 (Sohn von Sachmet / Sechmet)	= 1	5	8	6
Okeanus ^ 5	= 1	5	8	6
Chons 5 (Sohn v. Amun u. Mut)	= 1	5	8	6
Franz Erdl (Psi - Geistheiler) 5	= 1	5	8	6
Hermes Trismegistos 5	= 1	5	4	1
Ninmah (Ninhursag) 5	= 1/7	5 (2)*	4	1
Prometheus ^ 5 (Sohn v. Iapeios u. Klymene)	= 1	5	4	1
Ninkasi (Kind v. Enki u. Ninhursag) 5	= 1	5	4	1
Mary Stewart (Maria Stuart) 1	= 6/3	5 (2)*	5	5
Jason (Goldenes Flies)++		5	7	7

5	= 1			
Hespereia ^ (Nymphe / Tochter Atlas) 5 = 1/ 7		5 (2)*	7	7
Argeia ^ 5 = 1/ 7 (Okeanid)		5 (2)*	7	7
Hilarion 5 = 1/7		5 (2)*	7	7
Repit ^ 3 = 8		<u>5</u> (2)*	7	5
Morrigan (Morgan le Fay) (Gefährtin v. Dagda) 5 = 1/7		5 (2)*	7	7
Gaea (Gäa / Gaia) ^ 5 = 1/7		5 (2)*	7	7
Antonio de´Medici 5 = 1 (Sohn v. Bianca?)		5	9	5
Geb (Sohn v. Tefnut u. Schu) 5 = 1		5	9	5
F. J. H. R. (Frank v. Falk) 2 = 4/7		2 (5)*	2	9
Tutanchamun 1 = 3 (auch Thutmosis III.?) - „Zwei Seelen in einer Brust" - Walk-In?		2	2	8
Neferure (Nefuru Re?) 2 = 4 (Tochter Hatschepsut?)		2	2	9
Giovanni dalle Bande Nere 2 = 4 (Vater v. Cosimo I de´ Medici)		2	2	9

Ki ^

Name				
(Gattin v. An / Anu) 2 = 4	2	2	9	
Asterodeia ^ (Gattin v. Aites) 2 = 4	2	2	9	
Jesus Christus 2 = 4/7 (Christus ? / Jesus? Sananda?)	2 (5)*	2	9	
Michel de Nostredame 2 = 4	2 (5)*	2	9	
Isis (^) 2 = 4 (auch Mutter v. Thutmosis III.)	2	2	9	
Taygete ^ 2 = 4 (Tochter v. Atlas)	2	9	2	
Hyperion ^ 2 = 4	2	9	2	
Melchior (3 heilige Könige) 2 = 4	2 (5)*	9	2	
Maschiach (Hebräisch) 2 = 4/7	2 (5)*	9	2	
Dione ^ (Mutter v. Aphrodite u. Zeus) 2 = 4	2	9	2	
Caterina Maria Romula de' Medici 2 = 4	2	9	2	
Dione (Tochter v. Atlas) ^ 2 = 4	2	9	2	
Claudia Edith Barth 2 = 4	2	9	2	

(Schwester v. Christine I. Barth)

Jesus 2 = 4/7 (Jesus Christus?)	2 (5)*	3	8
Leonardo da Vinci 2 = 4/7	2 (5)*	1	1
Hellen ^ 2 = 4	2 (2)*	1	1
Eje II. (Wesir 18. D.) 2 = 4/7	2(5)*	1	1
Kronos ^ 2 = 4	2	8	3
Junit ^ 2 = 4	2	8	3
Diodor ^ 2 = 4	2	8	3
Sarpedon (Sohn v. Zeus u. Europa) 3 = 4	2	8	3
Halcyone (Alkyone) ^ 2 = 4 (Tochter V. Atlas)	2	8	3
Bianca Cappello 2 = 4 Bianca Medici)	2	6	5
Lady Kuan Yin (Aufgestiegene Meisterin) 2 = 4	2	6	5
Themis ^ 2 = 4	2	6	5
Alalu (Anunnaki)	2	6	5

2 = 4			
Haremhab (Befehlshaber Heer) 2 = 4	2	4	7
Ailos ^ 2 = 4	2	4	7
Maitreya 2 = 4	2	4	7
Noah (Arche) 2 = 4	2	4	7
Maera (Tochter v. Atlas) ^ 2 = 4	2	4	7
Deukalion ^ 2 = 4	2	5	6
Doris ^ (Mutter v. Kalypso?) 2 = 4	2	5	6
Amphitrite ^ 2 = 4	2	5	6
Abel (Sohn v. Adam u. Eva) 2 = 4	2	5	6
Aine (von Knockaine) ^ (Mondgöttin) 7 = 9	2	5	2
Merit Re Hatschepsut 3 = 6 (Gemahlin Thut. III)	3	2	1
Ishtar (Inanna) ^ 3 = 6	3	2	1
Arethusa ^ (Nymphe / Tochter Atlas) 3 = 6	3	2	1
Lady Maria	3	2	1

3   = 6
(Mutter Jesus / Aufgestiegene Meisterin)

Aithra ^
(Okeanide)   3   1   2
3   = 6

Eos (Gattin v. Aiolos) ^   3   1   2
3   = 6

Nebet – anch ^   3   1   2
3   = 6

Asia (Gattin v. Iapetos) ^   3   1   2
3   = 6

Aithra (Pleone) ^
(Gattin v. Atlas)   3   1   2
3   = 6

Senenmut   3   8   4
3   = 6
(Vater v. Merit Re Hatschepsut?)

Djwal Khul
(Aufgestiegener Meister)   3   8   4
3   = 6

Kumarbi (Sohn v. Anu)   3   8   4
3   = 6

Ninhursag
(Tochter Anu / Enlils Frau)   3   8   4
3   = 6

Anubis ^   3   8   4
3   = 6

Franz von Assisi   3   4   8
3   = 6

Menelaos (1. Gatte v. Helena)   3   4   8
3   = 6

Dephobos (2. Gatte v. Helena)   3   4   8

3	= 6			
Semenchkare (König 18. D.)	3	5	7	
3	= 6			
Astarte (= Anat)	3	5	7	
3	= 6			
Kastor (Sohn v. Leda / Bruder v. Helena)	3	5	7	
3	= 6			
Ninki (Hauptfrau v. Enki)	3	9	3	
3	= 6			
Anschar – Gal (Vater o. Mutter v. Anu)	3	9	3	
3	= 6			
Meliboia ^ (Okeanide)	3	9	3	
3	= 6			
Jeanne d´Arc	3	9	3	
3	= 6			
Nergal (Sohn v. Enki)	3	6	6	
3	= 6			
Niniane (Vivien / Avalon)	3	6	6	
3	= 6			
Ramses I./II. (19.D.)	3	6	6	
3	= 6			
Christos	3	6	6	
3	= 6			
Enki (Sohn v. Anu u. Id)	3	7	5	
3	= 6			
Sibylle (Prophetin)	3	7	5	
3	= 6			
Prinz Coelius (Albion)	3	7	5	
3	= 6			

(Gatte v. Rian / Vater v. Helena)

Nin-Ti 3 = 6 (Tochter v. Ninhursag)	3	3	9
Merlin 8 = 7	8	3	5
Seb (Geb / Anu / Zeus etc.) 8 = 7	8	3	5
Nimue (Hüterin der Quelle) 8 = 7 (Vivien, Elaine, Niniane, Nivian, Nyneve, Nimueh, Nereide Thetis (?))	8	3	5
El (Vater v. Anat) 8 = 7	8	3	5
Azimua (Kind v. Enki u. Ninhursag) 8 = 7	8	3	5
Valery Viktorovich Kubarev Rurikovich 8 = 7 (Russischer Großfürst)	8	9	8
Zeus (Anu, Horus) ^ 8 = 7	8	9	8
Hyoperrion ^ 8 = 7	8	9	8
Klara von Assisi 8 = 7	8	8	9
Pluton ^ 8 = 7	8	8	9
Julia Coelia Helena * 8 = 7 (Eilan)	8	8	9
Josef Victor Scheffel (Schriftsteller)	8	8	9

8			= 7
Okeanus ^ (Vater v. Kalypso?) 8 = 7	8	8	9
Pachet ^ +++ 8 = 7	8	2	6
Hestia ^ 8 = 7	8	2	6
Osiris (Enlil) ^ 8 = 7	8	2	6
Nanse (Kind v. Enki u. Ninhursag) 8 = 7	8	2	6
Samson 8 = 7 (Der Auserwählte Gottes)	8	2	6
Marya Sklodowska (Marie Curie) 8 = 7	8	2	6
Hator (Hathor) ^ 8 = 7	8	1	7
Sterope ^ (Tochter v. Atlas) 8 = 7	8	1	7
David Wilkock 8 = 7	8	1	7
Djoser (Pharao / 3. D) ^ 8 = 7	8	6	2
Dagda ^ 8 = 7 (Gefährte v. Morrigan (Morgan Le Fay)	8	6	2
Maat ^ 8 = 7	8	6	2

Isolte (Artus Ära) 8 = 7	8	6	2
Inanna (Ninegal) ^ 8 = 7	8	6	2
Anath (Anat)^ 8 = 7	8	6	2
Atlas ^ 8 = 7 (U.a Vater v. Elektra)	8	6	2
Kischar – Gal (Mutter o. Vater v. Anu) 8 = 7	8	6	2
Nannar (Hermes / Sin) ^ 8 = 7	8	6	2
Damkina (Ninhursag) 8 = 7 (Tochter v. Ennias Cu – Ärztin v. Altair)	8	6	2
Owein fab Uriens 8 = 7 (Sohn v. Morga(i)n Le Fay u. Uriens von Rheget)	8	6	2
Ninegal (Inanna) 8 =7 (Tochter v. Nannar u. Ningal)	8	2	6
Utu (Apollo / Harpocrates) ^ 8 = 7	8	2	6
Lady Nada 8 = 7	8	7	1
El Morya (Aufgest. Meister) 8 = 7	8	7	1
Kain (Sohn v. Adam u. Eva) 8 8 = 7		7	1

Name			
Anki (Anu) 8 = 7	8	7	1
Philyra ^ (Tochter v. Okeanus) 8 = 7	8	7	1
Eurynome ^ (Tochter v. Okeanus) 8 = 7	8	7	1
Hyas (Sohn v. Atlas) ^ 8 = 7	8	7	1
Eurŏpē (Europa) 8 = 7	8	7	1
Ninsikila (Tochter v. Enki u. Ninhursag) 8 = 7	8	7	1
Lanto (Aufgest. Meister) 8 = 7	8	1	7
Sha Jahan (Erbauer des Tj Mahal) 8 = 7	8	5	3
Cha – em Waset (Sohn v. Ramses) 8 = 7	8	5	3
Apollo ^ (Sohn v. Zeus) 8 = 7	8	4	4
Marduck ^ 8 = 7 (Ra / Amon Ra / Re / Amun Re)	8	4	4
Nammu ^ 8 = 7 (Ra / Amon Ra / Re / Amun Re)	8	4	4
Aiolos ^ 8 = 7	8	4	4

(griechischer Gott der Winde)

Ogmios	6	3	3
6 = 3			
Aphrodite ^	6	3	3
6 = 3			
Nimul ^			
(Gattin des Anu)	6	3	3
6 = 3			
Inanna / Isis/ Ishtar ^	6	3	3
6 = 3			
Schu ^	6	3	3	6
= 3			
(Bruder + Gatte v. Tefnut)			
König Agenor			
(Vater v. Europa)	6	3	3
6 = 6			
Koios ^	6	3	3
6 = 3			
Nintu (Ninhursag)	6	3	3
6 = 3			
Jalaluddin Muhammed Akbar			
(Indischer Großmogul)	6	3	3
6 = 6			
Maria Stuart	6	9	6
6 = 3			
Sachmet ^ (Sechmet)	6	9	6
6 = 3			
Hespersos ^	6	8	7
6 = 3			
Inachos ^	6	8	7
6 = 3			
Mnemosyne ^	6	8	7
6 = 3			

Klytaimnestra (Tochter v. Leda/ Schwester v. Helena) 6 = 3	6	8	7	
Hermione (Tochter v. Helena u. Menelaos) 6 = 3	6	8	7	
El Mory a Khan (Indischer Prinz) = 3	6	4	2	6
Titaía ^ = 3 (Gattin v. Uranos)	6	4	2	6
Maia ^ = 3	6	4	2	6
Baba (Tochter v. Anu) = 3	6	4	2	6
Nereide **Thetis (Vivien)** (Ziehmutter v. Achillis) = 3	6	4	2	6
König Arthus = 3	6	2	4	6
Peleus **(Gatte v. Nereide / Avalon)** = 3	6	2	4	6
Assur (Gatte v. Istar) ^ = 3	6	2	4	6
Rhadamanthys ^ (Sohn v. Zeus u. Europa) = 2 Zwei Seelen in einer Brust – Walk -In	<u>6</u>	2	3	<u>5</u>
Abu (Kind v. Enki u. Ninhursag) = 3	6	2	4	6
Thethys ^	6	1	5	6

= 3

Horst A. E. =3	6	1	5	6
Prometeus ^ = 3	6	5	1	6
Mars ^ (röm. Kriegsgott) = 3	6	5	1	6
An (Anu) = 3	6	5	1	6
Nivian (Vivien / Avalon) = 3	6	5	1	6
Klytia ^ (Tochter des Okeanus) = 3	6	5	1	6
Rian (Hohepriesterin) = 3 (Gattin v. Prinzen Coelius u. Mutter v. Helena in Albion)	6	5	1	6
Mary Stewart = 2 (Geburtsname)	1	5	5	1
Odysseus = 2	1	5	5	1
Marion Dierl = 2	1	7	3	1
Michelangelo di Lodovico Buonaroti Simoni = 2	1	7	3	1
Nut = 2 (Tochter v. Tefnut u.Schu.)	1	7	3	1
Kalirrohe ^ (Tochter v. Okeanus)	1	7	3	1

= 2

Amenophis II. (etc.)	1	7	3
1 = 2			

Mercurius ^^	1	7	2
<u>9</u> = 1			

(angeblich römische Entsprechun
des Hermes Trismegistos) - „Zwei seelen in einer Brust" - Walk-In

Bianca Medici (Cappello)	1	3	7
1 = 2			

Virginia Cappello	1	3	7
1 = 2			
(Tochter der Bianca)			

Aschera (Mutter v. Anat)	1	3	7
1 = 2			

Chaos ^	1	3	7
1 = 2			

(Urquelle / Urgott / „Vater" v. Gaia / Tefnut)

Francesco I. de´Medici			
(Gatte der Bianca)	1	6	4
1 = 2			

Martu (Sohn v. Anu)	1	6	4
1 = 2			

Nereus ^			
(Vater v. Kalypso?)	1	6	4
1 = 2			

Medea (Goldenes Flies) ++	1	1	9
1 = 2			

Maria Magdalena (Magdala)	1	1	9
1 = 2			

Toby Shipton	1	9	1
1 = 2 (Gatte v. U. Sondheil)			

Simon Magnus (Magier)	1	9	1
1 = 2			

Sechmet (Sachmet) ^ 1 = 2	1	9	1
Antit (Anat, Anath) ^ 1 = 2	1	9	1
Phoibe ^ 1 = 2	1	8	2
Ninharsag (Ninhursag?) (Tochter v. Anu) 1 = 2	1	8	2
Medea ^ 1 = 2	1	8	2
Erytheia ^ (Nymphe/ Tochter Atlas) 1 = 2	1	8	2
Electra (Ozomene) 1 = 2	1	8	2
Nisaba (Tochter v. Anu) 1 = 2	1	8	2
Adad (Sohn v. Anu) 1 = 2	1	8	2
Elaine (Vivien / Avalon) 1 = 2	1	8	2
Karl Barth 1 = 2 (evang. Theologe / guter Freund v. Karl Zuckmayer)	1	8	2
Suddhodana 1 = 2 (Vater des *Siddhattha Shakyamuni* / Buddha)	1	8	2

Joseph von Nazareth = 2	1	4	6	1

Ensag (**Kind v.** Enki = 2 u. **Ninhursag**)	1	4	6	1
Viviane (Avalon) = 2	1	4	6	1
Tutanchamun (Pharao 18. D.) = 5 „Zwei Seelen in einer Brust" - Walk-In	<u>1</u>	5	8	<u>4</u>
Pleiade Maia = 8 (Mutter des **Hermes**)	4	9	4	4
V. K. St. = 8	4	9	4	4
Perseus (Sohn v. Zeus) ^ = 8	4	9	4	4
Apollon (Sohn v. Zeus) ^ = 8	4	9	4	4
Amun (Zeus / Anu /**Jupiter**) = 8	4	9	4	4
Epimetheus (Sohn v. Iapetos) = 8	4	4	9	4
Iapetos ^ = 8	4	1	3	4
Rowena = 8 (Aufgestiegene Meisterin)	4	1	3	4
Jaques de Molay (Großmeister Templer) 4 = 8	4	3	1	
Carl Zuckayer (Literat) = 8 (Urgroßonkel v. Christine I. Barth)	4	3	1	4

Nyneve (Vivien / Avalon) 4 = 8	4	3	1	
Istar ^ 4 = 8	4	3	1	
Klymene ^ 4 = 8 (Okeanide/Gattin v. Iapetos)	4	3	1	
Paolo Caliari (Aufgest. Meister) = 8	4	7	6	4
Uriens von Rheget = 8 **(Gatte v.** Morga(i)n Le Fay)	4	7	6	4
Artemis ^ (Tochter des Zeus) = 8	4	7	6	4
Europa (Geliebte v. Zeus) = 8	4	7	6	4
Melia ^ (Gattin v. Inachos) = 8	4	7	6	4
Leda (Mutter v. Helena) = 8	4	7	6	4
Bastet (Tefnut)^ = 8	4	7	6	4
Pythagoras (Philosoph) = 8	4	7	6	4
Kuthumi = 5 (Aufgest. Meister)	4	7	6	4
Dumuzi (Sohn v. Enki) = 8	4	7	6	4

Name				
Amset (Sohn v. Horus) ^ **= 8**	4	7	6	4
Hespere ^ **(Nymphe / Tochter** Atlas) **= 8**	4	7	6	4
Dardanos ^ **= 8** **(Sohn v. Zeus u. Elektra)**	4	5	8	4
Christian Rötzel **= 8**	4	5	8	4
Wottana = 8 (Mitglied der Sioux / Aufgestiegener Meister)	4	5	8	4
Lady Portia = 8 (Morgan Le Fay – Aufgestiegene Meisterin / Elektra / Gaia / Tefnut etc.)	4	5	8	4
Saint Germain = 8 (Aufgest. Meister / Zwillingsflamme v. Lady Portia)	4	6	7	4
Pleione ^ **= 8**	4	6	7	4
Iasion ^ **= 8**	4	6	7	4
Gatumdug **= 8** **(Tochter v. Anu)**	4	6	7	4
Basileia ^ **= 8**	4	6	6	3
Epitheton (Ninhursag) **= 8**	4	6	6	3
Maya **= *8*** **(Mutter des *Siddhattha Shakyamuni / Buddha*)**	*4*	*2*	*2*	*4*

Hesperusa (Hesperthusa)
(Nymphe / Tochter Atlas)   4   8   5   4
= 8

Eine Auffälligkeit ergibt sich anhand eines Beispiels, hier Christine Barth, geboren am 7.6.1965 (vorhandene Zahlen: 7 – 6 – 1 – 9 - 5) durch Vergleiche mit:

Seschet (Seschat) ∧   7   1   6/9
7   = 5

Tefnut ∧   7   1   6/9
7   = 5

Ares (Horus) ∧   7   1   6/9
7   = 5

Demeter ∧   7   1   6/9
7   = 5

Theia ^ 7 = 5	7	1	6/9	
Aigle ^ 7 = 5 (Nymphe / Tochter v. Atlas)	7	1	6/9	
Kasper (3 heilige Könige) = 5	7	1	6/9	7
Fata Morgana (Morgan Le Fay) 7 = 5	7	6/9	1	
Uranos ^ = 5 (Sohn u. Gatte v. Gaia)	7	6/9	1	7
Ningishzidda ^ (Hermes / Thot / Theuti) = 5	7	6/9	1	7
Polydeukes (Sohn v. Leda / Bruder v. Helena) = 5	7	6/9	1	7
Minos ^ (Sohn v. Zeus u. Europa) = 5	7	6/9	1	7
Paracelsus = 5	7	6/9	1	7
Hapi (Sohn v. Horus) ^ = 5	7	6/9	1	7
Ennias Cu (Ärztin v. Altair) (Mutter v. Ninhursag)	5 (2)*	5	9/6	

5   = 1/7

Hatschepsut (Maat ka Re)   5 (2)*   5   9/6
5   = 1/7

Vorhandene Zahlen: 7 – 6 – 1 – 9 – 5 Geburtstag Christine Barth: 7.6.1965. Schicksalszahl Christine Inge Barth: 7 – Jahreszahl (2013): 1 –Beachte Umkehrzahlen = 6 / 9 (!) - Des weiteren spiegelt sich die 7 auch in dem auch gültigen Seelencode (mit Geburtsdatum errechnet) von Christine Inge Barth:

Christine Inge Barth   <u>7</u>   7   2
9   = 7

Äußerst beeindruckend scheint mir jedoch dieses hier zu sein, bedenkt man bitte, dass die „9" für den Eremiten,
den Weisen steht:

Amun Re   9   9   9
9   = 9

Thutmosis (I. / II: / III.)   9   9   9
9   = 9

Horus (Ishkur / Ares) ^   9   9   9
9   = 9

Lakadaimon ^   9   9   9
9   = 9

Eurybia ^   9   9   9
9   = 9

Auffällig ist folgendes, nämlich die Summe der „Inneren Werte und Äußeren Werte" zur Summe der Namenszahl ergeben hier keine Übereinstimmung, was meiner Auffassung erklären könnte, dass, in diesem Körper ein Walk-In mit zwei Seelen ist. Dies kann in Einzelfällen durchaus gerechtfertigt sein und entzieht sich meiner Bewertung. Es kann, muss aber nicht, von der Ursprungsseele des Körpers dazu die Erlaubnis erteilt worden sein. Zum Vergleich biete ich weitere Personen an, wo dieser Aspekt ebenfalls zu finden ist. Man beachte die Zahlenwerte die unterstrichen sind!

Name Namenszahl Äußere Werte / Innere
Werte Quintessenz

Chiquet Arlich Vomalites 7 4 9
4

Mercurius ^ 2 8 2
1

Tutanchamun
(Tutanchatum) 2 2 8 1

Thetys ^
(Mutter v. Kalypso?) 7 1 5 6

Rhadamanthys ^
(Sohn v. Zeus u.Europa) 6 2 3 5

Seelenfamilien /Inkarnationen – Beispiele (Familie Barth):

Namenszahl Äußere Werte / Innere Werte
Quintessenz - Gesamt

Mirco Andreas Barth 7 2 5
7 = 5

Ninhursaja (Ninhursag) ;;; 7 2 5
7 = 5

Seth ^ 7 2 5 7
= 5

Sethi I. (Pharao 19.D.) 7 2 5 7
= 5
(anderer Name v. Sethos I.)

Marie Antoinette (Königin) 7 2 5 7
= 5

Alexander Barth 7 3 4
7 = 5

Name				
Tahuti ^ (anderer Name für Thot) 7 = 5	7	3	4	
Ninurta (Ningirsu / Nimrod) 7 = 5	7	3	4	
Florian Barth 7 = 5 (geb. 20.4.90 / + 1.9.90)	7	8	8	
Bernhard von Clairvaux = 5	7	8	8	7
Amenhotep IV. (Echnaton) = 5	7	8	8	7
Tutanchatum 7 = 5	7	8	8	
Poseidon ^ = 5	7	8	8	7
Werner Anton Barth 7 = 5	7	7	9	
Ursula Sondheil (Prophetin) 7 = 5	7	7	9	
Lilith ^ ^^ 7 = 5	7	7	9	
Elke Atzinger (Barth) 7 = 5	7	9	7	
Ninlil (Enlils Hauptfrau) 7 = 5	7	9	7	
Hathor ^ 7 = 5	7	9	7	
Aphrodite ^ 7 = 5	7	4	3	
Ahmose (Mutter Hatschepsut) 7 = 5	7	4	3	

	Namenszahl	Äußere Werte	Innere Werte	Quintessenz	Gesamt
Merit Aton (Tocher Echnaton)	7	4	3	7	= 5
Seschet (Seschat) ^	7	1	6	7	= 5
Tefnut ^	7	1	6	7	= 5
Ares ^	7	1	6	7	= 5
Kasper (3 hg. Könige)	7	1	6	7	= 5
Theia ^	7	1	6	7	= 5

Seelenfamilien /Inkarnationen – Beispiele (Christine Inge Barth):

	Namenszahl	Äußere Werte	Innere Werte	Quintessenz	Gesamt

1. Anhand des Namens:

	Namenszahl	Äußere Werte	Innere Werte	Quintessenz	Gesamt
Christine Inge Barth	9	7	2	9	= 9
Anat (Anath) ^	9	7	2	9	= 9
Elektra ^ (Tochter des Atlas / Gattin v. Zeus)	9	7	2	9	= 9
Helena ^ ** (Tochter v. Leda u. Zeus?)	9	7	2	9	= 9
Gaia (Gäa)	9	7	2	9	= 9

2. Anhand des Geburtsdatums 7.6.1965 = vorhandene Zahlen: 1, 5, 6, 7, 9

Name					
Seschet (Seschat) ^	7	1	6/9	7	= 5
Tefnut ^	7	1	6/9	7	= 5
Ares ^	7	1	6/9	7	= 5
Demeter ^	7	1	6/9	7	= 5
Theia ^	7	1	6/9	7	= 5
Aigle ^ (Nymphe / Tochter v. Atlas)	7	1	6/9	7	= 5
Ennias Cu (Ärztin v. Altair) (Mutter v. Ninhursag)	5 (2)*	5	9/6	5	= 1/7
Hatschepsut (Maat ka Re)	5 (2)*	5	9/6	5	= 1/7
Morgane Le Fay	5 (2)*	5	9/6	5	= 1/7
Fata Morgana (Morgan Le Fay)	7	6/9	1	7	= 5
Kasper (3 heilige Könige)	7	1	6/9	7	= 5
Uranos ^ (Bruder u. Gatte v. Gaia)	7	6/9	1	7	= 5
Ningishzidda ^ (Hermes / Thot / Theuti)	7	6/9	1	7	= 5
Polydeukes (Sohn v. Leda / Bruder v. Helena)	7	6/9	1	7	= 5
Minos ^					

(Sohn v. Zeus u. Europa)	7	6/9	1	7	= 5
Paracelsus	7	6/9	1	7	= 5
Hapi (Sohn v. Horus) ^	7	6/9	1	7	= 5

Anmerkung: Die Zahlen 6 und 9 können getauscht / ergänzt werden, da es Umkehrzahlen sind.
Jedoch nur in den Äußeren- und Inneren Werten. Die Namenszahl bleibt jedoch unangetastet.

Sachdienliche Hinweise zu den o.g Tabellen / Zeichenerklärungen / Ergänzungen:

* Anmerkung: In ( ) gesetzte Zahlenwerte wie (2)* und (5)* können in der Benennung der Namenszahl auch ausgetauscht werden, wenn Betreffende eine Frau ist und damit eine Hohepriesterin anstatt Hohepriester ist. So verhält es sich auch z.B bei Männern, nur umgekehrt. Ich errechne deshalb beide Werte zusätzlich noch einmal zusammen, da sie eine zusätzliche Energie offenbaren: 2 + (5)* = 7 oder 5 + (2)* = 7. Diese spiegelt sich aber jeweils nur im Gesamt (=) Ergebnis wieder und haben Relevanz hinsichtlich der väterlichen Herkunftsbestimmung. Es berührt die Persönlichkeitsessenz nur insoweit, dass das Geschlecht des / der Betreffenden für die jeweilige Verkörperung korrigiert wurde.

6 / 9 - Umkehrzahlen mit einbeziehen. Also: die 6 konnte mit der 9 ergänzt werden, bzw. durfte getauscht werden. Der Grund war folgender: Die 6 ist = Liebe und die 9 ist = Weisheit. Liebe und Weisheit sind beide untrennbar, dass heißt, Liebe ist ohne Weisheit nicht von Bestand und Weisheit ist ohne Liebe nicht von Bestand. Im Tarot symbolisiert die 6 der großen Arkana „Die Liebe", die 9 ist „Der Eremit" oder der „Der Weise / Erleuchtete" - somit ergibt sich dann diese Regel. Dies durfte jedoch nur bei der 2. und 3. Zahl (Äußerer Wert und Innerer Wert) angewendet werden - die Namenszahl (1. Zahl) musste unberührt bleiben.

Information und Link zu den Aufgestiegenen Meistern:

http://www.andranleah.de/Aufgestiegene_Meister.htm

Ergebnisse „=" am Ende einer Reihe zeigt die Quintessenz der Namenszahl, der Äußeren Werte und Inneren Werte an. Ergibt einen zusätzlichen Hinweis auf die Ursprungsherkunft der Seele (s. Tabelle).

++ Das "Goldene Vlies" heißt übersetzt "Raumschiff / Flugscheibe" der "Himmlischen Heerscharen" (Quelle: Holger Kalweit / Herrscht eine Echsenrasse über die Erde? Seite 291/ Grund der Argonautenfahrt - Seite 292 / Raub des Raumfahrzeugs?/ Der Komet wird vernichtet, S. 292 / 293 /294). + Ritter des „Goldenen Vlies"

+++
http://de.wikipedia.org/wiki/Hathor_(%C3%84gyptische_Mythologie)

+++ http://de.wikipedia.org/wiki/Maria_Salviati

+++ **http://de.wikipedia.org/wiki/Pachet**

^ Götter / Titanen - **Weitere Information zu Göttern und Göttinnen:**

http://www.sagengestalten.de/

http://de.wikipedia.org/wiki/Gaia_(Mythologie)

http://de.wikipedia.org/wiki/Mutterg%C3%B6ttin **(MUT)**

http://www.mythentor.de/griechen/anfang.htm

^^ Mercurius ^^ Die römische Entsprechung zu Hermes ist der Gott Mercurius, dessen Name sich auf den Handel (lat. merces „Waren") bezieht. Auch wurde Hermes (ähnlich einigen anderen griechischen Göttern) mit dem Gott Thot der ägyptischen Mythologie identifiziert. Als Hermes Trismegistos (Ἑρμῆς Τρισμέγιστος) galt Thot/Hermes als sagenhafter Verfasser zahlreicher philosophischer, astrologischer, magischer und alchemistischer Schriften, die Neuplatoniker führten sogar die Schriften Pythagoras' und Platons auf diesen Autor zurück. Auch der Gott Anubis, der in der ägyptischen Mythologie die Seelen Verstorbener ins Jenseits geleitet, wurde mit Hermes identifiziert.

(^) Isis Göttin und Mutter von Thutmosis III.

^^^ Informationen zu Lilith:

Leidenschaftliche Löwin der Schlachten

Diese Leidenschaftlichkeit bildet schließlich die Verbindung zu ihrer zweiten göttlichen Funktion, jener der Kriegsgöttin. Da wird Inanna als die rasende Kriegsherrin, als Löwin der Schlachten beschrieben. Kriege wurden als „Tanz der Inanna" bezeichnet. Möglicherweise spielte hierbei auch die Beobachtung des Sexualverhaltens der Katzen und Raubkatzen eine Rolle - geschmeidig und erotisch in ihren Bewegungen, aber auch grausam und todbringend. Charakteristisch ist, dass sie sich zunächst auffordernd und verführerisch vor dem von ihnen auserwählten Partner hin- und herwinden, ihn jedoch unmittelbar nach Abschluss des Liebestreibens mit ausgefahrenen Krallen angreifen und versuchen, ihn ernsthaft zu verletzen.

http://www.hagalil.com/archiv/2000/09/lilith.htm

*** **Lady Portia (Morgan le Fay)** – Schwester v. Merlin in Albion. Aufgestiegene Meisterin 5./6 J.h - 7. Strahl / violette - silberne Flamme – Zwillingsflamme v. Saint Germain.

****Helena (Die schöne Helena)** = Tochter der Leda und Zeus oder / und:
Helena: Tochter der Hohepriesterin Rian und des römischen Prinzen Coelius (Albion)

**** *Siddhattha Shakyamuni* (Siddhartha Gautama **Buddha**)
Seine Mutter hieß Maya und starb sieben Tage nach der Geburt des Kindes. Die Eltern nannten ihren Sohn (in Pali) *Siddhattha*; in (Sanskrit: *Siddhartha*), was „der sein Ziel erreicht hat" bedeutet. Der Beiname *Shakyamuni* bezieht sich auf seine Herkunft und bedeutet „der Weise aus dem Geschlecht von Shakya". Nach der Geburt Siddharthas wurde vorausgesagt, dass er entweder ein Weltenherrscher oder aber, wenn er das Leid der Welt erkennt, jemand werden würde, der Weisheit in die Welt bringt. Er lebte in einem Palast wo ihm alles, was zum Wohlleben gehörte, zur Verfügung stand und wo er der Überlieferung nach von allem weltlichen Leid abgeschirmt wurde.

http://de.wikipedia.org/wiki/Buddha

;;; **Ninhursaja (Ninhursag)**

Ninḫursanga (Herrin der steinigen Einöde auch Ninhursag, Ninhursaja, Ninmaḫ, Nintu, Mami manchmal auch Ninlil, Damkina und die akkadische Aruru) ist eine sumerische Gebirgs – und Muttergöttin. Sie ist eine der führenden weiblichen Götter und wird auch mit der **Epitheton** „Mutter der Götter" benannt. In ihrer Funktion als Göttin der Gebärenden wird sie auch als „Mutter aller Kinder" bezeichnet.
In altbabylonischer Zeit wird sie mit Ninlil der Frau von Enlil gleichgesetzt und gilt als Mutter des Kriegs- und Fruchtbarkeitsgottes Ninurta sowie des Mondgottes Nanna. In ihrer Funktion als „Mutter aller Götter" wird sie mit Ki gleichgesetzt und ist damit die Frau des Gottes An. In dem Mythos Enuma Eliš wird sie als die Mutter Marduks und somit als Damkina] identifiziert und im Mythos Enki und Ninhursaja ist sie die Frau von Enki und zeugt mit ihm weitere Götter. In Nippur und Susa wurde sie als Frau von Šulpa'e, dem Gott der wilden Tiere, verehrt und ist damit als Herrin der Einöde auch für die wilden wie gezähmten Tiere des Feldes zuständig.

Enki und Ninhursaja
Enki möchte unbedingt einen Sohn, jedoch gebiert seine Frau Ninhursaja nur die Tochter Ninisiga, die Göttin des Neumondes. Daraufhin schwängert er seine Tochter, die ihm die Tochter Ninkurgebärt, die Herrin des Hochlandes. Da Enki immer noch keinen Sohn hat, schwängert er seine Enkelin Ninkur und diese gebiert Uttu, die Göttin des Flachses und der Webkunst. Ninhursaja ist das Ganze mittlerweile zu viel. Sie berät Uttu, wie sie den Avancen von Enki widerstehen könne. Doch Enki verkleidet sich als gutaussehender Gärtner und so gelingt es ihm, Uttu zu begatten. Als Uttu den Betrug bemerkt, fleht sie Ninhursanga um Hilfe an. Diese entfernt den Samen Enkis und wirft ihn auf den Boden. Daraus entstehen acht Pflanzen, die Ninhursaja Enki zum Essen vorsetzt. Daraufhin erkrankt Enki schwer. Die Anunna sehen das mit Sorge und Enlil kann Ninhursaja überreden, Enki zu helfen. Ninhursaja setzt sich darauf hin auf Enki, nimmt die Samen in sich auf und gebiert darauf die Götter: , Ninsikila, Ninkatu, Ninkasi, Nanše, Azimua, Ninti und Ensag.Abu

NINHURSAG
Vater ANU - Mutter eine plejadische Ärztin/Chirurgin Oberhaupt aller Heilkünste auf Terra

NINURTA - Sohn von NINHURSAG und ENLIL

http://wissen.paoweb.org/de/annunaki/page6.html

Die Prophetin „Mutter Shipton"

Im Jahre 1488 erblickte in England in absoluter Anonymität ein körperlich behindertes Kind das Licht der Welt, das zu allem Übel auch noch aus einer nichtehelichen Verbindung stammte. Dieses Kind sollte zu einer der größten Prophetinnen der Geschichte werden. Im Laufe ihres Lebens machte diese Frau Weissagungen, die zu den erstaunlichsten aller Zeiten gehören!

Einigen Gerüchten zufolge wurde das Mädchen, das später unter dem Namen Mutter Shipton berühmt werden sollte, am Ufer des Flusses Nidd geboren, in der Nähe einer alten Gedenkstätte, an der eine Quelle sprudelte, deren Wasser man eine wundersame und therapeutische Wirkung nachsagte. Ursula Sondheil, so lautete ihr Mädchenname, wurde mit einer körperlichen Missbildung, aber mit einem erstaunlich wachen Geist geboren. So erlernte sie das Lesen und Schreiben deutlich schneller als die anderen Kinder ihres Alters.

Auch wenn sie unehelich war und aus der Verbindung ihrer alleinstehenden Mutter mit ihrem Liebhaber entstammte, so wurde sie doch getauft. Dies war eigentlich zu dieser Zeit unvorstellbar für ein Kind aus einer nichtehelichen Verbindung, denn diese galten in dieser Zeit als Sprösslinge des Teufels!

Als sie zwei Jahre alt war, gab ihre Mutter sie in die Obhut einer Pflegemutter, bevor sie sich selbst in ein Kloster zurückzog, wo sie den Rest ihres Lebens verbrachte. Je älter die Kleine wurde, umso mehr zeigte sich ihre große Intelligenz, aber auch ihr verquerer Geist. So hörte sie beispielsweise eines Tages, als ihre Pflegemutter außer Haus war, deren Tochter schreien, war aber außerstande, das Haus zu betreten, so als hielte eine unsichtbare Macht sie davon ab. Auch die Nachbarn, die man zur Hilfe gerufen hatte, konnten diese unsichtbare Barriere nicht überwinden. Es bedurfte eines Priesters, um diesen Bann zu brechen!

Eine unverhoffte Heirat

Das Mädchen war so hässlich, dass jeder ihr prophezeite, niemals im Leben einen Ehemann zu finden. Zur Verblüffung aller hielt im Jahre 1512 ein Landmann um ihre Hand an. Toby Shipton war ein bescheidener Zimmermann aus Shipton, einem kleinen Dorf in der Grafschaft Yorkshire.

Man verdächtigte Ursula, ihn verhext und mit einem Liebestrank dazu gebracht zu haben, sie zu heiraten! So wurde sie im Alter von 24 Jahren Ursula Shipton. Und dieser Name sollte der Nachwelt ein Begriff sein.

Sehr bald schon begann sie mit ihren verblüffenden Prophezeihungen. Schnell breitete sich ihr Ruf in ganz England und schließlich in ganz Europa aus. Nach und nach kamen immer mehr Neugierige in ihr bescheidenes Dorf, um ihren Orakeln zu lauschen.

Die Geburtsstunde einer Prophetin

Das Ereignis, mit dem sie bekannt wurde, begann mit dem Diebstahl von Kleidungsstücken. Die ganze Nachbarschaft beklagte das Verschwinden von Kleidungsstücken (ein Hemd und ein Rock), die damals als Luxusgegenstände galten. Die frischgebackene Frau Shipton vertraute daraufhin ihren Nachbarn an, dass sie wüsste, wer diesen Diebstahl begangen hatte und dass sie alles

Notwendige tun würde, damit die gestohlenen Kleidungsstücke wieder ihrem rechtmäßigen Besitzer übergeben würden. Sie bat die bestohlene Frau, an einem bestimmten Tag zu einer bestimmten Stelle zu kommen. Mit großer Überraschung stellte die Matrone fest, dass zu der genannten Stunde eine Unbekannte zum genannten Ort kam, und ihr singend und tanzend die gestohlenen Gegenstände überreichte mit den Worten: „Ich habe meine Nachbarn bestohlen, dies ist der Beweis!"

Kurz darauf sagte Mutter Shipton sehr genau voraus, dass der Kirchturm des Dorfes umfallen und ein Lehnherr, der in dieser Gegend zu Besuch war, zu Tode kommen würde. Dies war nur der Anfang einer unendlichen Reihe von Prophezeihungen, von denen eine erstaunlicher war als die andere.

Eine weitere Weissagung, die sowohl ihren Bekanntheitsgrad als auch die Furcht der Menschen vor ihr steigerte, betraf einen jungen Mann. Dieser wollte von ihr wissen, wann sein Vater sterben würde, den er unbedingt beerben wollte. Der Jüngling verließ die Wahrsagerin sehr enttäuscht, denn sie verweigerte ihm die Antwort. Kurze Zeit später erkrankte der junge Mann schwer.

Die Worte, die sie daraufhin an seinen Vater richtete, begründeten einen Teil ihrer Berühmtheit. Als dieser nämlich in seiner Verzweiflung Mutter Shipton aufsuchte und sie bat, seinen Sohn zu retten, hörte er sie antworten: „Jene, die auf den Tod der anderen warten, werden von ihrem eigenen Dahinscheiden überrascht. Die Erde, die sie sich so sehr für einen anderen herbeigesehnt, wird bald ihre sein, die Erde ihres Stolzes wird ihr eigenes Grab sein!"
Kurze Zeit später verstarb der junge Mann.
Die Berühmtheit von Mutter Shipton breitete sich danach aus wie ein Lauffeuer! Nach und nach war sie in ganz Yorkshire (Nordengland) bekannt.

Die Geschichte von England – ein offenes Buch für sie

Einen großen Bekanntheitsgrad erlangte sich ferner, weil sie die wesentlichen Ereignisse der englischen Geschichte voraussagte. So sagte sie im Jahre 1513 den Sieg von König Heinrich VIII voraus, der in einem zerstörerischen Krieg mit Frankreich verwickelt war, bei dem er zunächst eine Schlacht nach der anderen verlor.
Zudem äußerte sie erstaunliche Weissagungen über Thomas Wolsey, einen mit Ehren überhäuften Berater von Heinrich VIII. Bei Ausbruch des Krieges gegen Frankreich war er die wichtigste Stütze des Königs. Er bewegte ihn dazu, die glorreiche Schlacht zu befehlen, an deren Sieg nur wenige Menschen glaubten.

Mutter Shipton sagte den Ruhm und den schnellen Reichtum von Thomas

Wosley voraus… ebenso wie seinen plötzlichen Niedergang und seinen armseligen Tod. Nachdem er von Heinrich VIII mit Titeln (Lordkanzler von England, Erzbischof von York und Kardinal) und Landgütern überhäuft worden war, fiel er nach einem Streit mit dem König in dessen Ungnade. Er wurde von allen Gütern enteignet, bevor er bei seiner Verbringung in den Tower von London vor lauter Erschöpfung starb.

Sie sagte einige Jahre im Voraus den Tod des Sohnes von Heinrich VIII, Erbprinz Eduard VI, voraus, und kündigte auch die Grausamkeiten an, die die Katholiken und Engländer sich in dem unseligen Vaterlandskrieg angedeihen ließen.
Sie weissagte die großen Erfindungen der Moderne!

Des Weiteren sagte sie mit unglaublicher Genauigkeit den Tod der Königin Maria Tudor voraus, der Nachfolgerin von Eduard VI, sowie das Datum ihres eigenen Todes. Im Jahre 1561 verschied Mutter Shipton, so wie sie selbst vorausgesehen hatte, im Alter von 73 Jahren. Sie hinterließ zahlreiche Prophezeiungen über kommende Zeiten.
Unter anderem „sah" sie die Erfindung von Autos: „Wägen ohne Pferde werden fahren", von Fernsehen und Telefon „Um die Welt werden Gedanken sich bewegen, während eines Wimpernschlags" sowie von Schiffen und U-Booten: „Die Menschen werden sich auf und unter dem Wasser fortbewegen, Eisen wird schwimmen"…!

Herkunftszuordnung der Seelencodes

1 = Irdisch (ein Elternteil genetisch Anunnaki)
2 / 3 = Lyra
4 / 8= Orion (Betageuze / Rigel)
5 = Sternbild Löwe / Regulus
6 = Sirius (Großer Hund)
7 = Plejaden (auch Anunnaki)
9 = Niburu / Marduck / Anu (Anunnaki)

Zum Schlusswort lassen wir doch abschließend Thot zu Wort kommen:

* 5 = ist der Meister, der Herr von aller Magie – Schlüssel für das Wort, das widerhallt unter den Menschen...* 7 = ist der Herr der Weiten, Meister des Raumes und Schlüssel der Zeit... Groß ist die Weisheit der 7, mächtig sind sie aus dem Jenseits. Sie manifestieren sich durch ihre Macht und sind

erfüllt mit Kraft des Jenseits. * 9 = ist der Vater, riesigen Angesichts, formend und verändernd aus der Formlosigkeit heraus...

Ergänzend: GöTTER / verschiedene Namen aus den Kulturen: Griechisch, Ägyptisch, Sumerisch.

ANU (Kronos): 9-5-4-9=4 / 2-8-3-2=4 / 5-9-5-5=1 / 8-3-5-8=7
(Geb / Seb)

NINHURSAG (Hera): 3-8-4-3=6 / 5-8-6-5=1 / 7-9-7-7=5
(Hathor)

ISHKUR (Ares): 5-2-3-5=1 / 7-1-6-7=5 / 9-9-9-9=9
(Horus)

ENLIL (Osiris): 7-2-5-7=5 / 8-2-6-8=7

ENKI (Poseidon): 3-7-5-3=6 / 7-8-8-7=5 / 9-8-1-9=9
(Ptah)

NANNAR (Hermes): 8-6-2-8=7 / 5-4-1-5=1 / 6-6-9-6=3
(Sin)

UTU (Apollo): 8-2-6-8=7 / 8-4-4-8=7 / 7-3-4-7=5
(Harpocrates)

INANNA (Aphrodite): 8-6-2-8=7 / 6-3-3-6=3 / 2-2-9-2=4 / 3-2-1-3=6
(Isis), (Ishtar)

NINGISHZIDDA : 7-6-1-7=5 / 5-4-1-5=1 / 8-2-6-8=7 / 2-3-8-2=4

9 – 3 – 6 – 9 – 9
(Hermes/ Thoth / Toth / Theuti)

MARDUCK (Ra / Amon Ra): 8-4-4-8=7 / 1-9-1-1=2 / 8-9-8-8=7

NERGAL: 3-6-6-3=6 / 6-9-6-6=3
(Erra)

NINURTA: 7-3-4-7=5 / 3-9-3-3=6 / 9-3-6-9=9
(NINGIRSU / NIMROD)

www.ingramcontent.com/pod-product-compliance
Lightning Source LLC
Chambersburg PA
CBHW030608220526
45463CB00004B/1219